UNTERSUCHUNGEN

über

GAS·KOHLEN

von

N. H. SCHILLING,

Ingenieur und Director der Gasbeleuchtungs-Gesellschaft
in München.

––––––––––––––

München,
Druck von Dr. C. Wolf & Sohn.

Macht die Glocke des Exhaustors ihre niedergehende Bewegung, d. h. drückt sie, so entsteht im Raume des vordersten Glases ein Ueberdruck, der das Wasser aus diesem Raume in das Eintauchrohr in die Höhe treibt, und den Zufluss des Gases absperrt. Ein ähnliches Verhältniss findet in dem hinteren Glase statt. Hier geht von dem Rohr, welches das einströmende Gas in die Exhaustorglocke führt, ein Zweigrohr ab, durch den Gummistöpsel hindurch, und taucht in das Sperrwasser ein, während ein zweites nicht eintauchendes Rohr, welches nur eben durch den Stöpsel hindurch reicht, das vom Exhaustor abgesogene Gas weiter zu einem kleinen Gasbehälter führt, mit welchem es durch einen zweiten guten Gummischlauch in Verbindung gebracht worden ist. Saugt die Glocke, so entsteht in dem eintauchenden Rohre ein verdünnter Raum, das Wasser aus dem Raume des Glases tritt darin in die Höhe, und die Communication für das Gas ist unterbrochen. Drückt dagegen die Exhaustorglocke, so wird durch den entstehenden Ueberdruck das Sperrwasser aus dem eintauchenden Rohre verdrängt, und das Gas steigt um dessen unteren Rand herum durch das Wasser in den Raum des Glases in die Höhe (gerade so wie im vorderen Glase beim Saugen) und gelangt von da durch das Ableitungsrohr in den schon vorhin erwähnten Gasbehälter. Dieser Moment ist in der Abbildung dargestellt. Während des Saugens ist also die Communication im hinteren Glase unterbrochen, während des Drückens im vorderen. Es ist klar, dass das Gasquantum, was der Exhaustor bei jedem Gange liefert, ausser von den Dimensionen der Glocke und der Hubhöhe auch von den Wasserständen im Exhaustorgefäss selbst, von den Wasserständen in den Sperrgläsern und von dem Druck im Ein- und Ausgangsrohr abhängt. Im Exhaustor selbst ist während des Aufsteigens oder Saugens der innere Wasserspiegel höher als der äussere, während des Niedergehens oder Drückens umgekehrt der äussere höher als der innere. Damit aber diese Differenz in den Wasserständen oder das Volum, was der Exhaustor bei jedem Gange liefert, sich stets gleich bleibe, ist es nöthig, dass auch die Widerstände, welche die Niveau-Differenz veranlassen, keine Aenderung erleiden. Beim Saugen ist die Niveaudifferenz im Exhaustor bedingt durch den Druck, welcher im Eingangsrohr stattfindet, und durch die Höhe der Eintauchung im vordersten Glase, beim Drücken ist sie bedingt durch den Druck im Gasbehälter, und durch die Eintauchung im hinteren Glase. Die Eintauchungen in den beiden Sperrgläsern bleiben sich für die ganze Dauer eines Versuches gleich, indem, wenn die Gläser gefüllt sind, Wasser weder entfernt noch hinzugefügt wird. Um aber auch den Einfluss des Druckes am Eingang und Ausgang constant zu erhalten, habe ich bei allen Versuchen sorgfältig darauf gesehen, dass zunächst durch den Exhaustor der Anstalt der Druck in der Hydraulik resp. im Eingangsrohr regelmässig auf Null gehalten wurde, und als sich später gegen den Herbst hin bei vergrösserter Production dennoch kleine Schwankungen, namentlich sogleich nach den frischen Chargirungen, zu zeigen begannen, sperrte ich die Verbindung mit der Hydraulik ab, und liess

das Gas durch ein aus dem Fenster des Retortenhauses hinausgeleitetes
Rohr frei in die Atmosphäre entweichen. Der Druck im Ausgangsrohr
wurde sehr leicht dadurch constant und auf Null erhalten, dass ich den
kleinen Gasbehälter, der die Lieferungen des Exhaustors aufnahm, nach
einem am Eingangsrohr desselben angebrachten Manometer balancirte. Unter
diesen Umständen war ich sicher, dass jeder Gang des Exhaustors, resp.
jede Kurbelumdrehunge in gleiches Quantum Gas in
den Gasbehälter ablieferte. Für die Bewegung des
Apparats habe ich die Trommel der Gasuhr benutzt,
durch welche das produzirte Gas gemessen wurde. Wie
auf der beigegebenen Tafel dargestellt, trägt die Welle,
an welcher die Kurbel des Exhaustors sitzt, an ihrem anderen Ende ein Zahnrad. Ein genau gleiches Zahnrad wurde auf dem vorderen Ende der Gasuhren-
trommelwelle aufgesetzt, und der Vorderkasten der
Uhr in der Weise verändert, wie es in neben-
stehender Skizze angedeutet ist, so dass ich das Zahnrad des Exhaustors einfach in das Zahnrad der Uhr-
trommel einhängen konnte, um die Bewegung der
Trommel auf den Exhaustor derart zu übertragen,
dass jeder Trommelumdrehung ein Hub des Exhaustors entsprach. Um die
Stellung der Räder gegeneinander vollständig zu reguliren, war das Stativ des
Exhaustors mit 3 Stellschrauben versehen. Ich erreichte damit, dass von
dem Gasquantum, welches eine Trommel-Umdrehung lieferte, ein bestimmten und sich immer gleich bleibender Theil in den Gasbehälter
abgesogen wurde. Genau genommen, kann man zwar einwenden, dass
dieser Theil in seiner Qualität nicht der Durchschnittsqualität der
ganzen bei einer Trommelumdrehung gelieferten Gasmenge entspreche,
indem er nur während der ersten Hälfte der Trommel-Umdrehung abgesogen wurde, hiegegen ist jedoch zu bedenken, dass der Verlauf
eines Destillationsversuches bei einer Gesammtproduction von 800 bis
900 c' Gas 320 bis 360 Trommel-Umdrehungen erforderte; bei einer so
grossen Zahl können die Schwankungen, die in der einzelnen Umdrehung
liegen, nicht mehr in Betracht kommen. Aus Allem ergibt sich, dass der
Apparat vollkommen geeignet war, im kleinen Gasbehälter ein für die Zwecke
der Versuche genau richtiges Bild von dem Vorgange im Grossen wieder-
zugeben. Der Gasbehälter hatte einen Rauminhalt von 11 c' engl., und
war früher zum Prüfen von Gasmessern benützt worden; seine Einrichtung
braucht nicht näher beschrieben zu werden.

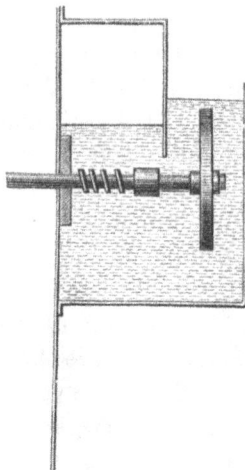

2. Das Versuchs-Verfahren.

Eine derjenigen Fragen, die ich mir zu beantworten hatte, bevor ich
an die Ausführung der Versuche gehen konnte, war die, wie weit ich die

Destillation treiben wollte. In der Praxis des grossen Betriebes entgast man die Kohlen nicht vollständig, sondern nur so weit, dass die Leuchtkraft des Gases nicht unter eine gewisse Grenze herabsinkt. Ich entschloss mich jedoch, vorläufig von den Bedingungen der Praxis ganz zu abstrahiren, und die Kohlen vollständig zu entgasen, einmal um eine bestimmte Norm, ein durchweg gleiches Verfahren zu haben, sodann aber auch, um dadurch vielleicht Einsicht in die Natur der Modificationen zu gewinnen, welche die Praxis verlangt. Was ferner die jedesmal zur Vergasung zu bringende Quantität Kohlen anlangt, so entschloss ich mich, dieselbe auch für alle Kohlensorten gleichmässig auf 150 Zollpfund festzusetzen; diess entsprach der Ladung, wie ich sie unter den Verhältnissen der hiesigen Anstalt gewöhnlich anzuwenden pflege. Um mich von der Gleichmässigkeit der Temperatur im Ofen, insoweit dieselbe überhaupt erreichbar ist, versichert zu halten, wurde eine Controlle in der Art angestellt, dass ich ein Quantum derjenigen Zwickauer Kohle, die ich für den grossen Betrieb verwandte, und die aus einer und derselben Grube und von der gleichen Sendung waren, bei Seite legte, und unmittelbar nach je einem oder zwei Versuchen mit diesen Kohlen einen Controlleversuch machte, bei welchem nur die Quantität des erzeugten Gases beobachtet wurde. Schwankte die Ausbeute um nicht mehr, als diess bei gleicher Kohle überhaupt stattzufinden pflegt, so nahm ich an, dass die Temperatur im Ofen sich gleich geblieben war. Bei allen Versuchen, die nachstehend aufgeführt sind, ist diese Bedingung erfüllt.

Folgendes ist nun der Verlauf eines einzelnen Versuches. Die zu vergasenden Kohlen, die sich sämmtlich in trockenem Zustande befanden, wurden, falls mehr als faustgrosse Stücke darunter waren, zerschlagen, alsdann abgewogen, in einem genau 2 Cubikfuss englisch haltenden und mit Untereintheilung versehenen Kübel gemessen, und alsdann in einer gewöhnlichen Clegg'schen Lademulde vor den Ofen gebracht. Vorher schon war das zweizöllige schmiedeeiserne Rohr von der Stelle an, wo es von dem Aufsteigerohr abzweigte, bis zu dem reichlich 1 Fuss davon entfernt sitzenden Wechsel untersucht und sorgfältig gereinigt worden, weil sich dieses Stück gewöhnlich etwas mit Theer versetzt hatte. Der Scrubber war mit frischer Coke, der Reinigungskasten mit frischem Material beschickt, der Wasserstand der Gasuhr controllirt, der Exhaustor eingehängt, und der Gasbehälter an seine Stelle gebracht. Nachdem die Coke der vorhergehenden Chargirung sorgfältig aus der Retorte gezogen, und die Verbindung mit der Hydraulik abgesperrt worden, wurde die Versuchsladung eingetragen und der Deckel geschlossen. Die Gasuhr, deren Stand vorher notirt worden war, fing sofort zu gehen und mit ihr der Exhaustor zu arbeiten an. Die Verbindung des Exhaustors mit dem Gasbehälter stellte ich jedoch erst her, nachdem ich annehmen konnte, dass die Luft, welche durch das Füllen der Apparate in diese hineingelangt, durch das entwickelte Gas verdrängt war Alsdann wurde der Gummischlauch über die Eingangsmündung des Gas-

behälters gezogen, der Wechsel des letzteren geöffnet, der Druck der Gas-
behälterglocke, sowie derjenige im Ausgangsrohr der Gasuhr controllirt,
ob er an beiden Stellen genau Null betrug, und der Versuch hatte begonnen.
Der Stand der Gasuhr, sowie die Temperatur des durch die Uhr gehenden
Gases wurde von Viertelstunde zu Viertelstunde beobachtet und notirt, der
Fortgang des Versuches im Allgemeinen, der Druck u. s. w. wurde übrigens
keinen Augenblick ausser Acht gelassen, und hat mich hiebei namentlich
der Herr Chemiker *Ph. Kothe* wesentlich unterstützt. Es war nicht selten,
dass im Verlaufe eines Versuches Unregelmässigkeiten vorfielen, und dass
der Versuch dadurch verunglückte. Ausser den rein zufälligen Ursachen
waren es namentlich zwei Umstände, welche die Störungen veranlassten,
einmal die Schwankung, welche bei stärkerem Betriebe gegen den Herbst
hin in der Vorlage entstand, und dann die Ablagerung von Theer in dem
zweizölligen Condensationsrohre zunächst des Aufsteigerohrs. Es ist schon
erwähnt worden, dass dieses Rohr jedesmal vor dem Beginn eines Versuches
gereinigt wurde; einmal, nachdem eine kleine Abänderung an dem Auf-
steigrohr hatte vorgenommen werden müssen, und das erste kurze Stück
des Condensationsrohres bis an den Wechsel, ohne dass ich darauf Acht
gegeben, eine fast horizontale Lage erhalten hatte, ergab sich plötzlich ein
bedeutender Nachlass in der Production, und das horizontale Stück zeigte
sich nach Vollendung des Versuches soweit verlegt, dass ein Eisendraht
von ¼ Zoll Durchmesser kaum durchgeschoben werden konnte. Nachdem
die Verstopfung beseitigt und das Rohr wieder vollkommen gereinigt war,
wiederholte ich denselben Versuch noch zweimal, und erhielt jedesmal dasselbe Resultat; nachdem alsdann das Rohr wieder in das frühere Gefälle
gebracht worden war, traten keine Verstopfungen weiter ein, und die Versuche ergaben wieder die früheren Resultate. Mir war die Erscheinung
insoferne interessant, als sich mir die Frage aufwarf, ob das Gas, was ich
weniger erhielt, durch die Retorten entwichen sein mochte, oder ob es sich
gar nicht gebildet hatte? Es hatte offenbar ein starker Druck in der Retorte stattgefunden, dieser Druck begünstigte einerseits das Entweichen,
obgleich durch die Schaulöcher des Ofens nicht die geringste Undichtigkeit
zu bemerken gewesen war; andererseits aber scheint es mir nicht unmöglich,
dass das Vorhandensein einer Atmosphäre von verhältnissmässig gespannten
Dämpfen in der Retorte die Bildung von permanenten Gasen beeinträchtigte.
Ich erwähne hier eines Falles, den ich unter analogen Verhältnissen vor
längerer Zeit einmal im grossen Betriebe zu beobachten Gelegenheit hatte.
Eine Fabrik, welche sonst gut arbeitet, und per Retorte in 24 Stunden
aus Saarbrücker Kohlen mehr als 4000 c' Gas zu machen gewohnt ist,
hatte einen Theil ihrer Oefen umgebaut, und brachte mit diesen neuen
Oefen in 40 Retorten kaum 70000 c' Gas fertig, obgleich die Retorten sehr
gut heiss waren, die Kohlen vollkommen ausstanden, und ein Entweichen
von Gas aus den Retorten nicht zu beobachten war. Der einzig auffallende
Umstand war der, dass sich die Aufsteigeröhren unaufhörlich verstopften,

und der Theer in der Vorlage so dick wurde, dass er kaum noch zum Abfliessen gebracht werden konnte. Der Grund lag in einer unzweckmässigen Anordnung der für jeden Ofen gesonderten Vorlagen, indem man die Abzugsröhren derselben seitlich derart angebracht hatte, dass bei der Schwankung der Sperrflüssigkeit, die in der That viel bedeutender zu sein scheint, als man oft anzunehmen geneigt ist, der Abzug des Gases wie durch Wellenschlag von der in das Abzugsrohr hinein spülenden Sperrflüssigkeit unterbrochen werden musste. Also auch hier wurden die dampfförmigen Destillationsproducte in der Hydraulik, in den Aufsteigeröhren und in den Retorten zurückgehalten, und die Destillation geschah in einer Atmosphäre von gespannten Dämpfen. Der Ausfall in der Procucion betrug mindestens 90,000 c' in 24 Stunden, oder fast 4000 c' in der Stunde. Ist es denkbar, dass dies Quantum durch die Retorten entweichen konnte, ohne dass man die geringste Undichtigkeit wahrnahm? Die Retorten, sämmtlich neu, waren so glatt und ohne Risse und Sprünge, wie man sie nur wünschen mochte. Ist es nicht eher denkbar, dass die gespannte Dampf-Atmosphäre einen nachtheiligen Einfluss auf die Bildung der permanenten Gase haben dürfte? Ich nahm mir vor, zur Lösung dieser Fragen einige weitere Versuche anzustellen, bin aber leider bis jetzt noch nicht dazu gekommen, sie ins Werk zu setzen. Ich wollte statt der Thonretorte eine gusseiserne nehmen, um das Entweichen des Gases auszuschliessen, und dann durch immer weiteres Schliessen der Abströmungsöffnung den Druck in der Retorte mehr und mehr steigern. Liess sich auf diese Weise der Einfluss des in der Retorte befindlichen Druckes auf die Gasentwicklung erkennen, so hatte man noch einen Schritt weiter zu gehen, und konnte durch Einfügung eines kleinen Exhaustors auch das Verhältniss ermitteln, welches bei Aufhebung des Druckes und bei negativem Druck in der Retorte stattfindet, d. h. man konnte die Bedeutung des Exhaustors für die Gasproduction in Zahlen darstellen.

Ich kehre nach dieser Abschweifung zur Sache zurück. Wenn nach Verlauf von durchschnittlich 4 bis 5 Stunden die Gasentwickelung aufgehört hatte, so wurde der Gasbehälter geschlossen, der Exhaustor ausgehängt, die Retorte geöffnet, die Coke in einen eisernen Karren geleert und an einen reinen Platz auf den Hof gefahren, dort auf einen Haufen gebracht und unter einer Glocke aus Eisenblech luftdicht abgesperrt. Alsdann wurde der Reinigungskasten geleert und notirt, wie weit die *Laming*'sche Masse schmutzig geworden war, die Condensationsflüssigkeit mit Ausschluss der im Scrubber an der Coke hängen gebliebenen gewogen, und die Retorte eventuell zum Zwecke des Controllversuches mit 150 Zollpfund Zwickauer Kohlen neu beschickt. Bei diesen Controllversuchen wurde, wie schon erwähnt, nur die Gasausbeute bestimmt und notirt. Das im Gasbehälter gesammelte Gas wurde im Photometerzimmer weiter untersucht. Der erste Versuch bestand in der Ermittelung des Kohlensäuregehaltes mittelst des dafür üblichen bekannten Eudiometers (Handbuch S. 53), dem folgte die

Bestimmung des specifischen Gewichtes mittelst des von mir modificirten *Bunsen*'schen Apparates (Handbuch S. 35) und sodann kamen die Proben über die Leuchtkraft. Was die photometrische Probe anlangt, so benutzte ich das *Bunsen*'sche Photometer (Handbuch S. 37); als Normalkerze diente mir die Londoner Normalspermacetikerze, deren stündlicher Consum sich bei einer Reihe von Versuchen als zwischen 119 und 123 Grains schwankend ergab und von mir zu 120 Grains angenommen wurde, die Brenner, in denen das Gas verbrannt wurde, waren sämmtlich offene Schnitt- oder Lochbrenner, und unterschieden sich nur durch die Weite der Schnitte, resp. der Löcher, welche ich der Natur des zu untersuchenden Gases jedesmal möglichst anzupassen suchte. Nächst der photometrischen Probe unterwarf ich das Gas weiter noch der Prüfung mit dem „*Erdmann*'schen Gasprüfer", wobei ich jedoch den Consum an Gas durch dieselbe Gasuhr (von *S. Elster* in Berlin) bestimmte, welche für den photometrischen Versuch benutzt worden war. Nachdem ich auf diese Weise den directen Leuchtwerth des Gases und die Gradöffnung bestimmt hatte, welche einem gemessenen Consum am *Erdmann*'schen Prüfer entsprach, bestimmte ich auch noch das Quantum der Luft, welches das Gas zu seiner Entleuchtung bedurfte. Zu diesem Zwecke bediente ich mich eines Apparates, welcher genau die Einrichtung des Gasprüfers von *Erdmann* hatte, mit dem einzigen Unterschiede, dass die Luft nicht durch einen Schlitz, sondern durch ein Rohr eintrat. Dieses Rohr wurde mittelst eines Gummischlauches mit einem graduirten Gasbehälter in Verbindung gebracht, der mit athmosphärischer Luft gefüllt war. Ich hatte durch die Güte des Herrn Professor *Jolly* Gelegenheit, dazu aus dem physikalischen Cabinet der hiesigen Universität den Gasbehälter geliehen zu bekommen, mittelst dessen die für die k. bayerischen Aichämter bestimmten Probirapparate getheilt werden, auf dessen Genauigkeit ich mich also unbedingt verlassen konnte. Schliesslich schmolz ich, da ich zur Vervollständigung der Untersuchungen auch noch die quantitative chemische Analyse der Gase in Aussicht genommen hatte, von jedem Versuche zwei Proben in Glasröhren ein. Mittlerweile war die Coke unter dem Verschluss der Blechglocke abgekühlt, und wurde nun sowohl gemessen als gewogen. Auch wurden von jedem Versuch mehrere Coke-Stücke, die ungefähr die mittlere Qualität bezeichneten, ausgesucht, um vielleicht später auf ihren Heizwerth geprüft zu werden. Die chemischen Analysen, welche weit mehr Schwierigkeiten zu machen scheinen, als ich mir Anfangs dachte, sind noch nicht zum Abschluss gediehen.

Der erste Blick auf die Resultate der Versuche zeigt, dass die erhaltene Gasausbeute überall weit grösser ist, als sie in der Praxis erreicht wird, dass dagegen die Leuchtkraft des Gases weit hinter derjenigen im practischen Betriebe zurückbleibt. Es ist diess durch das vorstehend beschriebene Versuchsverfahren selbstverständlich bedingt, ich will jedoch hier ausdrücklich darauf aufmerksam gemacht und mich gegen jede unrichtige Benützung meiner Zahlen verwahrt haben.

3. Die untersuchten Kohlensorten.

A. *Westphälische Kohlen.*

1—3. **Zollverein.** Der Besitzer der Grube „Zollverein", Herr *F. Haniel* in Ruhrort hatte die Güte, mir drei verschiedene Proben (zusammen 200 Ctr.) seiner Gaskohlen zukommen zu lassen, nemlich von den Flötzen Nr. IV, VI und XI. Die Kohlen kamen trocken an, wie überhaupt alle Kohlen, die in diesen Versuchen zur Verwendung kamen, und wurden nach etwa 3 Wochen verarbeitet.

4 u. 5. **Hibernia.** Herrn *W. T. Mulvany*, dem Repräsentanten der Zechen „Hibernia" und „Shamrock" verdanke ich zwei Proben dieser Kohlen (je 4 Ctr.) aus den Flötzen Nr. IV und VI, welche 4 Wochen nach ihrer Ankunft verarbeitet wurden.

6—8. **Vereinigte Hannibal.** Von dieser Zeche wurden 3 Proben (in Kisten von je 4 Ctr. bezogen, nemlich von den Flötzen II (Arnold), III (Johann) und V (Hannibal) Die Kohlen blieben nur reichlich 8 Tage auf dem Lager liegen.

9 **Holland.** Eine Probe dieser Kohle (2 Ctr.) erhielt ich durch die Herren *Schmidborn & Comp.* in Ludwigshafen. Leider war ich gezwungen, sie 7 Monate stehen zu lassen, bevor ich sie verarbeiten konnte, was auf das Ergebniss einen mehr oder minder nachtheiligen Einfluss ausgeübt haben mag.

Ihrem äusseren Aussehen nach gehören diese westphälischen Gaskohlen zu den dünnschieferigen Schieferkohlen (Blätterkohlen), die matten Schichten derselben wechseln mit Schichten glänzender Pechkohlen ab, auch finden sich hie und da Lagen von harzlosen Faserkohlen, die ganz das Aussehen von Holzkohle haben; aber selten sind die Schichten von beträchtlicher Dicke, sondern vielfach so dünn, dass man sie mit blossem Auge kaum mehr unterscheiden kann, und dadurch gewinnen dann die Kohlen oft ein fast homogenes Aussehen von beinahe eisengrauer, matter Färbung, welches nur hie und da durch eine deutlichere Schichtung unterbrochen wird. Es sind sehr weiche Kohlen, sie fallen schon bei der Förderung wenig in grösseren Stücken und können keinen weiten Transport vertragen, ohne fast gänzlich zu feiner oder klarer Kohle zu werden. Wenn sie, was beim Transport in unbedeckten Waggons leider sehr häufig geschieht, nass werden, so sind sie auf dem Lager schwer wieder trocken zu bekommen. Bei Stücken zeigen sich auf den Bruchflächen vielfach dünne Lagen von Schwefelkies, obgleich im Ganzen die Kohlen weniger schwefelhaltig sind, als andere deutsche Gaskohlen, von Bergmitteln sind sie, so weit meine Erfahrungen im grösseren Maassstabe mit Hibernia reichen, fast ganz frei, doch soll Zollverein mitunter weniger rein sein. Der Gehalt an Schwefelkies, verbunden mit der Beschaffenheit der Bergmittel, welche aus einem sehr hygroscopischen Thon bestehen, soll Schuld sein, dass die Zollvereinskohle sich bei mehrmonatlicher Lagerung leicht entzündet, während diess bei Hibernia und Hanibal nicht vorkommt. Nach den Erfahrungen des Herrn Directors *S. Schiele* (Journ. f. Gasbel. 1860. S. 322) ist die Zollvereinskohle auch dadurch von den übrigen verschieden, dass sie sich, frisch aus der Grube verwendet, weit weniger vortheilhaft verarbeitet, als wenn sie zuvor zwei bis drei Monate gelagert hat, während die Hibernia- und namentlich die Hannibalkohle eine längere Lagerung nicht vertragen kann, ohne beträchtlich an Güte zu verlieren.

B. *Saarbrücker Kohlen.*

10. Kohlen vom Asterflötz der Grube Heinitz, 620 Pfd ;
11. Kohlen von der Grube St. Ingbert, 550 Pfd.;
12. Kohlen der Grube Altenwald, 510 Pfd.;
13. Duttweiler Kohlen von den Mellinschächten, 725 Pfd.;
14. Duttweiler Kohlen von den *S Kalley*-Schächten, 760 Pfd.;
15. Kohlen der Grube Dechen, 568 Pfd.

Die sämmtlichen Kohlen sind durch die Herren *Schmidborn* in Ludwigshafen bezogen worden, sie waren nach Mittheilung dieser Herren frisch gefördert, blieben aber 5 Monate stehen, bis sie verarbeitet wurden. Einige Versuche, die sofort nach ihrer Ankunft angestellt wurden, verglichen mit den späteren, lassen annehmen, dass sie durch das Lagern nicht merkbar verloren haben.

Die Saarbrücker Gaskohle gehört zu den eigentlichen Schieferkohlen, und unterscheidet sich von den westphälischen schon durch ihr Aussehen. Sie ist deutlich geschichtet, fällt auch in grösseren Stücken von ziemlicher Festigkeit und kann einen beträchtlichen Transport vertragen, ohne so viel klare Kohle zu geben, als die westphälische.

C. *Zwickauer Kohlen.*

Diese Kohlen werden im grossen Betriebe auf der Münchener Gas-Anstalt gebraucht, und sind daher nicht speciell zum Zweck der Versuche bezogen worden. Es standen mir folgende Sorten zu Gebote:

16. Kohlen aus der Grube „Frisch Glück" in Oberhohndorf, geliefert durch Herrn *E. Bauermeister* in Zwickau, frisch verarbeitet;

17. Kohlen aus dem Oberhohndorf-Schader-Augustus-Schacht, 3 Monate auf dem Lager;

18. Kohlen aus dem „Hülfe-Gottes-Schacht" der Zwickauer Bürgergewerkschaft, 2¼ Monate auf dem Lager;

19. Kohlen aus dem „Bürgerschacht" der Zwickauer Bürgergewerkschaft, 2½ Monate auf dem Lager;

20. Kohlen von den Herren *Schulze & Dietze* in Zwickau geliefert, aus einer der Oberhohndorfer Gruben, 2 Monate auf dem Lager.

Die Zwickauer Gaskohlen sind deutlich geschichtete Schieferkohlen, in denen die glänzenden Lagen von Pechkohlen vorherrschen, zuweilen so vorwiegend, dass sie zu reinen Pechkohlen werden. Sie sind in ihrem Aussehen den Saarbrücker Kohlen ähnlich, aber glänzender, fester, fallen in grossen Stücken (Stückkohlen) und können sowohl den Transport als längeres Lagern ohne wesentlichen Nachtheil vertragen. Selbstentzündungen sind mir nicht bekannt. Ein grosser Uebelstand der Zwickauer Gaskohlen ist der, dass sie sehr häufig mit Gebirgsmittel (Scheeren) von Thon verunreinigt sind. Dieser Umstand findet sich natürlich in einigen Gruben vorherrschend, aber er kommt auch zeitenweise, je nach den Verhältnissen des Abbaues, in solchen Gruben vor, die sonst im Allgemeinen eine ziemlich reine Kohle liefern.

D. *Schlesische Kohlen.*

Diese Proben, niederschlesische Kohlen aus dem Waldenburger Revier, und zwar:

21. Kohlen aus dem Wrangelschacht, Glückhülfgrube im Hermsdorfer Revier, und

22. Kohlen aus dem Bradeschacht oder dem sogenannten Fuchsstollen im Weissteiner Revier

verdanke ich der Güte des Herrn Directors *R. Firle* in Breslau.

Herr *Firle* bemerkt dazu in seinem Schreiben:

„Die Kohle von beiden Sorten ist, sobald sie in Stücken gefördert wird, ziemlich erheblich mit Adern von Schiefer durchsetzt, und wird desshalb soviel als möglich mehr in Würfelform verarbeitet, damit der Schiefergehalt geringer ausfällt. Beide Sorten backen gut, namentlich aber die Kohle aus dem Wrangelschacht. Ich erhalte durchschnittlich aus der Tonne Kohlen von circa 360 Pfd. 1,4 Tonnen Coke, die jedoch der aus englischen Kohlen erzielten wesentlich an Qualität nachsteht, und namentlich durch längeres Lagern bedeutend verliert. Die Breslauer Anstalt verarbeitet seit Jahren die obigen beiden Kohlen; die gesandten Proben haben etwa 2 Monate auf dem

Lager gelegen. Von oberschlesischer Kohle wird in der Breslauer Anstalt nichts verwandt, weil dieselbe bedeutend schlechter backt; die Gasausbeute ist jedoch fast dieselbe, und die Kohle erfordert viel weniger Reinigung als die niederschlesische."

Ich war leider genöthigt, diese Kohlen nach ihrer Ankunft noch weitere 5 Monate liegen zu lassen, bevor ich sie verarbeiten konnte.

E. *Kohlen aus dem Plauen'schen Grunde bei Dresden.*

Herr Commissionsrath *G. M. S. Blochmann* jun. in Dresden hatte die Gefälligkeit, mir zwei Sorten dieser Kohlen zu besorgen, nemlich:

23. Beste Gaskohlen des Potschappler Actien-Vereins von dem Windberg-Schachte in der Nähe von Potschappel;

24. Gaskohlen von dem Oppeltschachte der kgl. sächsischen Steinkohlenwerke Zauckerode bei Dresden.

Die Kohlen sind denen von Zwickau im Aeussern ähnlich, sie gehören auch zu den deutlich geschichteten Schieferkohlen, nur sind sie bedeutend weicher, als die Zwickauer, und sind die Schichten der Pechkohle weniger vorherrschend, als bei letzteren. Sie blieben 6 Monate stehen, bevor sie verarbeitet wurden.

F. *Böhmische Kohlen.*

Von diesen Kohlen aus dem Pilsener Revier standen mir folgende Sorten zu Gebote, und zwar die ersteren zwei in Proben von einigen Centnern, die von den Grubenbesitzern für den Zweck der Untersuchung geliefert waren, die letzteren in Quantitäten von einer oder mehreren Wagenladungen.

25. Kohlen vom Mantauer Oberflötz Nr. I,

26 Kohlen von Mantauer Oberflötz Nr. II,

27. Schwarzkohlen vom ersten Flötz der S. Pankraz-Zeche bei Nürschan,

28. Plattenkohlen vom ersten Flötz der S. Pankraz-Zeche bei Nürschan,

29. Schwarzkohlen, geliefert von Klauber & Sohn.

Keine dieser Kohlen blieb länger als 4 Wochen auf dem Lager. Die Pilsener Schwarzkohle hat mit jener aus dem Plauen'schen Grunde die meiste Aehnlichkeit, die Plattenkohle dagegen ist eine Cannelkohle von schieferigem Bruch, grauem Aussehen und grosser Härte. Diese Plattenkohle kommt meines Wissens in dieser Qualität nur im hangendsten Flötz der S. Pankrazzeche vor; das Flötz hat im Ganzen 36 Zoll Mächtigkeit, nemlich 24 bis 28 Zoll Schwarzkohle, 2 bis 3 Zoll Letten als Zwischenmittel und 8 bis 12 Zoll Plattenkohle.

G. *Bayerische Kohlen.*

30. Kohlen aus den *v. Swaine*'schen Steinkohlengruben in Stockheim bei Kronach, in mehreren Wagenladungen frisch verarbeitet. Dieselben gehören zu den Russkohlen, und fallen fast gar nicht in grösseren Stücken, sondern als klare, pulverige Kohle. Die einzelnen grösseren Stücke lassen eine Schichtung fast gar nicht erkennen, sondern haben ein beinahe homogenes Aussehen von bräunlich schwarzer Farbe, mattem Glanz, färben stark ab und sind sehr mürbe. Die Eigenschaft zu backen ist ihnen in hohem Grade eigen.

31. Braunkohlen vom Flötz Antinlohe bei Ostin, Landgerichts Tegernsee in Oberbayern, 5 Ctr., nach einigen Wochen verarbeitet; eigentlich keine Gaskohle, aber auf den Wunsch der Grubenverwaltung mit in die Versuche hineingezogen.

H. *Englische Kohlen.*

Diese Kohlen, nemlich

32. Old Pelton Main-Kohle von Newcastle,
33. Lesmahago-Cannel-Kohle,
34. Boghead,

verdanke ich der Güte des Herrn Directors *B. W. Thurston* in Hamburg. Die Old Pelton Main-Kohle ist ähnlich der westphälischen Kohle, eine sehr fein geschichtete Schieferkohle von fast homogenem Aussehen, besitzt aber wegen Vorwaltens der Pechkohlenschichten einen lebhafteren Glanz und eine etwas schwärzere Farbe, als die westphälische Kohle. Sie ist, wenn auch etwas weniger mürbe, als letztere, doch eine weiche Kohle, die wenig in grösseren Stücken fällt und bei weiterem Transport sehr viel klare Kohle giebt. Die Lesmahago-Cannel-Kohle besitzt das den Cannelkohlen eigenthümliche schieferige Aussehen, flachmuscheligen, fast ebenen Bruch, grosse Härte, matt schwarzgraue Farbe, von der Boghead-Kohle ist es bekanntlich heute noch nicht entschieden, ob sie zu den Steinkohlen oder zu den bituminösen Schiefern zu rechnen ist. Sämmtliche Kohlen wurden etwa 4 Monate nach ihrer Ankunft verarbeitet.

Die vorstehenden 34 Kohlensorten enthalten so ziemlich alle Gaskohlen, welche in den deutschen Gasanstalten zur Verwendung kommen, mit Ausnahme der mährischen Kohlen, deren Bezug für mich augenblicklich mit zu grossen Umständen verbunden war. Uebrigens sollen es folgende Gruben sein, von welchen die besten Gaskohlen dort bezogen werden: Die „Hermenegilde-Zeche" bei Polnisch-Ostrau, die „Michaeli-Zeche" in Michalkowitz, beide der Kaiser Ferdinand Nordbahn-Gesellschaft gehörig, die „Jaklowetzer Grube" des Freiherrn v. Rothschild bei Polnisch-Ostrau, und die „Josephi-Zeche" von Joseph Zwierzina's Erben ebendaselbst.

Die Versuchs-Protokolle.

A. *Westphälische Kohlen.*

1. „Zollverein", Flötz Nr. IV. — 20. August 1862.
Ladung: 150 Zoll-Pfd. $= 3\frac{1}{2}$ c' engl.

	Stand der Gasuhr	Production	Temperatur nach Celsius	Production bei 10º Cels.
7 Uhr — Mt.	7,865		13 º	
7 „ 15 „	7,950	85 c'	13 „	
7 „ 30 „	8,035	85 „	13 „	277 c'
7 „ 45 „	8,090	55 „	13 „	
8 „ — „	8,145	55 „	13 „	
8 „ 15 „	8,200	55 „	13 „	
8 „ 30 „	8,250	50 „	13 „	203 „
8 „ 45 „	8,300	50 „	13 „	
9 „ — „	8,350	50 „	14 „	
9 „ 15 „	8,400	50 „	14 „	
9 „ 30 „	8,445	45 „	14 „	183 „
9 „ 45 „	8,490	45 „	14 „	
10 „ — „	8,535	45 „	13½ „	
10 „ 15 „	8,580	45 „	14 „	
10 „ 30 „	8,610	30 „	14 „	118 „
10 „ 45 „	8,634	24 „	14 „	
11 „ — „	8,655	21 „	13 „	
11 „ 15 „	8,670	15 „	13 „	25 „
11 „ 30 „	8,680	10 „	13 „	
		815 c'		806 c'

Kohlensäure $= 0$

Spec. Gewicht $= \left(\dfrac{161}{237}\right)^2 = 0{,}46$

4,9 c' ergaben am Photometer $= 7$ Kerzen
1,81 c' zeigten am *Erdmann*'schen Prüfer 30 º
1,71 c' brauchten zur Entleuchtung 3,94 c' Luft.
    Cokeausbeute 103 Zollpfd. $= 5\frac{1}{2}$ c'
Theer und Wasser 19 Zollpfd.

Ausbeute nach Gewicht:

806 c' Gas	=	25,92 Pfd.
Coke	=	103,00 „
Theer und Wasser	=	19,00 „
Reinigung und Verlust*)	=	2,08 „
		150,00 Pfd.

*) Hier ist auch der Theer einbegriffen, der in den Condensationsröhren und namentlich im Scrubber sitzen geblieben war; ich hätte sonst die Coke im Scrubber vor und nach jedem Versuche wägen müssen.

2. „Zollverein", Flötz Nr. VI. — 16. August 1862.
Ladung: 150 Zollpfd. = 3½ c′ engl.

	Stand der Gasuhr	Production	Temperatur nach Cels.	Production bei 10° Cels.
7 Uhr — Mt.	6526		16 °	
7 „ 15 „	6610	84 c′	20 „	
7 „ 30 „	6695	85 „	20 „	260 c′
7 „ 45 „	6750	55 „	20 „	
8 „ „	6795	45 „	20 „	
8 „ 15 „	6850	55 „	20 „	
8 „ 30 „	6895	45 „	20 „	179 „
8 „ 45 „	6940	45 „	20 „	
9 „ — „	6980	40 „	20 „	
9 „ 15 „	7020	40 „	20 „	
9 „ 30 „	7060	40 „	20 „	164 „
9 „ 45 „	7105	45 „	20 „	
10 „ — „	7150	45 „	20 „	
10 „ 15 „	7200	50 „	21 „	
10 „ 30 „	7240	40 „	21 „	164 „
10 „ 45 „	7280	40 „	21 „	
11 „ — „	7320	40 „	21 „	
11 „ 15 „	7350	30 „	21 „	
11 „ 30 „	7380	30 „	21 „	101 „
11 „ 45 „	7410	30 „	21 „	
12 „ — „	7425	15 „	21 „	
		899 c′		868 c′

Kohlensäure = 0

Spec. Gewicht $= \left(\frac{150}{236}\right)^2 = 0,40$

4,8 c′ ergaben am Photometer 6,25 Kerzen
1,89 c′ zeigten am *Erdmann*'schen Prüfer 29½ °
1,85 c′ brauchten zur Entleuchtung 4,13 c′ Luft.

Cokeausbeute 103 Zollpfd. = 5½ c′
Theer und Wasser 16,8 Pfd.

Ausbeute nach Gewicht:

868 c′ Gas	=	24,27 Zollpfd.
Coke	=	103,00 „
Theer und Wasser	=	16,80 „
Reinigung und Verlust	=	5,93 „
		150,00 „

3

3. „Zollverein", Flötz XI. — 15. August 1862.

Ladung: 150 Zollpfd. = $3\frac{1}{4}$ c′ engl.

	Stand der Gasuhr	Production	Temperatur nach Celsius	Production bei 10° Cels.
7 Uhr — Mt.	5630		13 °	
7 „ 15 „	5710	80 c′	14 „	
7 „ 30 „	5780	70 „	18 „	264 c′
7 „ 45 „	5840	60 „	18 „	
8 „ — „	5900	60 „	19 „	
8 „ 15 „	5965	65 „	19 „	
8 „ 30 „	6015	50 „	$19\frac{1}{2}$ „	198 „
8 „ 45 „	6060	45 „	20 „	
9 „ — „	6105	45 „	20 „	
9 „ 15 „	6150	45 „	20 „	
9 „ 30 „	6190	40 „	20 „	179 „
9 „ 45 „	6240	50 „	$20\frac{1}{2}$ „	
10 „ — „	6290	50 „	$20\frac{1}{2}$ „	
10 „ 15 „	6335	45 „	20 „	
10 „ 30 „	6370	35 „	20 „	145 „
10 „ 45 „	6410	40 „	20 „	
11 „ — „	6440	30 „	20 „	
11 „ 15 „	6470	30 „	20 „	
11 „ 30 „	6500	30 „	18 „	84 „
11 „ 45 „	6520	20 „	18 „	
12 „ — „	6526	6 „	18 „	
		896 c′		870 c′

Kohlensäure = 0

Spec. Gewicht = $\left(\frac{152}{238}\right)^2 = 0{,}41$

4,8 c′ ergaben am Photometer = 5 Kerzen
1,92 c′ zeigten am *Erdmann*'schen Prüfer 28°
1,92 c′ brauchten zur Entleuchtung 3,98 c′ Luft.

Cokeausbeute 107 Pfd. = $5\frac{1}{2}$ c′
Theer und Wasser = 9 Pfd

Ausbeute nach Gewicht:

870 c′ Gas	=	24,93 Pfd.
Coke	=	107,00 „
Theer und Wasser	=	9,00 „
Reinigung und Verlust	=	9,07 „
		150,00 Pfd.

4 „Hibernia", Flötz IV. — 23. August 1862.
Ladung: 150 Zollpfd. = 3¼ c′ engl.

Stand der der Gasuhr	Production	Temperatur nach Cels.	Production bei 10° Cels.
7 Uhr — Mt. 560		14 °	
7 .. 15 „ 650	90 c′	15 „	
7 „ 30 „ 740	90 „	15 „	305 c′
7 „ 45 „ 805	65 „	15 „	
8 „ — ,. 870	65 „	15 „	
8 „ 15 „ 930	60 „	15 „	
8 „ 30 „ 980	50 „	15 „	216 „
8 „ 45 „ 1030	50 „	15 „	
9 „ — „ 1090	60 „	15 „	
9 „ 15 „ 1140	50 „	14 „	
9 „ 30 „ 1180	40 „	14 „	183 „
9 „ 45 „ 1230	50 „	14 „	
10 „ — „ 1275	45 „	14 „	
10 „ 15 „ 1320	45 „	14 „	
10 „ 30 „ 1360	40 „	14 „	153 „
10 „ 45 „ 1395	35 „	14 „	
11 „ — „ 1430	35 „	14 „	
11 „ 15 „ 1450	20 „	14 „	
11 „ 30 „ 1470	20 „	14 „	54 „
11 „ 45 „ 1485	15 „	14 „	
	925 c′		911 c′

Kohlensäure = 0

Spec. Gewicht $= \left(\dfrac{156}{240}\right)^2 = 0{,}42$

5,5 c′ ergaben am Photometer 7,5 Kerzen
1,8 c′ zeigten am *Erdmann*'schen Prüfer 28°
1,81 c′ brauchten zur Entleuchtung 3,88 c′ Luft.

Cokeausbeute = 99,7 Pfd. = 5¼ c′
Theer und Wasser = 17,9 Pfd.

Ausbeute nach Gewicht:

911 c′ Gas	= 26,74 Pfd.	
Coke	= 99,70 „	
Theer und Wasser	= 17,90 „	
Reinigung u. Verlust	= 5,66 „	
	150,00 Pfd.	

5. „Hibernia", Flötz VI. — 22. Aug. 1862.
Ladung: 150 Zollpfd. = 3¼ c′ engl.

	Stand der Gasuhr	Production	Temperatur nach Cels	Production bei 10 Cels
7 Uhr — Mt.	9625		14 °	
7 „ 15 „	9700	75 c′	14 „	
7 „ 30 „	9770	70 „	14 „	281 c′
7 „ 45 „	9840	70 „	14 „	
8 „ — „	9910	70 „	14 „	
8 „ 15 „	9980	70 „	14 „	
8 „ 30 „	10045	65 „	15 „	266 „
8 „ 45 „	10115	70 „	15 „	
9 „ — „	10180	65 „	15 „	
9 „ 15 „	10240	60 „	15 „	
9 „ 30 „	10300	60 „	16 „	206 „
9 „ 45 „	10350	50 „	16 „	
10 „ — „	10390	40 „	16 „	
10 „ 15 „	10430	40 „	16 „	
10 „ 30 „	10460	30 „	16 „	123 „
10 „ 45 „	10490	30 „	16 „	
11 „ — „	10515	25 „	17 „	
11 „ 15 „	10540	25 „	17 „	
11 „ 30 „	10555	15 „	17 „	44 „
11 „ 45 „	10560	5 „	17 „	
		935 c′		920 c′

Kohlensäure = 0

Spec. Gewicht $= \left(\frac{156}{241}\right)^2 = 0{,}42$

5 c′ ergaben am Photometer 9 Kerzen
1,80 c′ zeigten am *Erdmann*'schen Prüfer 30°
1,64 c′ brauchten zur Entleuchtung 3,68 c′ Luft.

Cokeausbeute 106,4 Pfd. = 5½ c′
Theer und Wasser 10,8 Pfd.

Ausbeute nach Gewicht:

920 c′ Gas	=	27,01 Pfd.
Coke	=	106,40 „
Theer und Wasser	=	10,80 „
Verlust	=	5,79 „
		150,00 Pfd.

1½ Lagen *Laming*'sche Masse schmutzig.

6. „Vereinigte Hannibal", Flötz II (Arnold).   28. August 1862.
Ladung: 150 Zollpf. = 3³/₄ c′ engl

	Stand der Gasuhr	Production	Temperatur nach Cels.	Production bei 10° Cels.
7 Uhr — Mt	1485		15 °	
7 „ 15 „	1530	45 c′	15 „	
7 „ 30 „	1600	70 „	15 „	231 c′
7 „ 45 „	1660	60 „	15 „	
8 „ — „	1720	60 „	15 „	
8 „ 15 „	1780	60 „	15 „	
8 „ 30 „	1840	60 „	16 „	250 „
8 „ 45 „	1910	70 „	16 „	
9 „ — „	1975	65 „	16 „	
9 „ 15 „	2040	65 „	16 „	
9 „ 30 „	2105	65 „	16 „	240 „
9 „ 45 „	2165	60 „	16 „	
10 „ — „	2220	55 „	17 „	
10 „ 15 „	2270	50 „	17 „	
10 „ 30 „	2310	40 „	17 „	132 „
10 „ 45 „	2340	30 „	17 „	
11 „ — „	2355	15 „	17 „	
11 „ 15 „	2370	15 „	17 „	15 „
		885 c′		868 c′

Kohlensäure $= 0$

Spec. Gewicht $= \left(\frac{162}{242}\right)^{z} = 0,45$

4,4 c′ ergaben am Photometer 6,5 Kerzen

1,82 c′ zeigten am *Erdmann*'schen Prüfer 29 °

1,73 c′ brauchten zur Entleuchtung 3,67 c′ Luft.

Cokeausbeute 101 Pfd. $= 5\frac{1}{4}$ c′

Theer und Wasser 15,7 Pfd.

Ausbeute nach Gewicht:

868 c′ Gas	=	27,30 Pfd.
Coke	=	101,00 „
Theer und Wasser	=	15,70 „
Reinigung und Verlust	=	6,00 „
		150,00 Pfd.

2 Lagen *Laming*'sche Masse schmutzig.

7. „Vereinigte Hannibal", Flötz III (Johann). — 29. August 1862.
Ladung: 150 Zollpfd. $= 4$ c′.

	Stand der Gasuhr	Production	Temperatur nach Celsius	Production bei 10° Cels.
7 Uhr — Mt.	2370		15 °	
7 „ 15 „	2430	60 c′	15 „	
7 „ 30 „	2490	60 „	15 „	236 c′
7 „ 45 „	2550	60 „	15 „	
8 „ — „	2610	60 „	15 „	

	Stand der Gasuhr	Production	Temperatur nach Celsius	Production bei 10° Cels.
8 Uhr 15 Mt.	2670	60 ,,	15 ,,	
8 ,, 30 ,,	2730	60 ,,	15 ,,	
8 ,, 45 ,,	2790	60 ,.	15 ,,	236 c′
9 ,, — ,,	2850	60 ,,	15 ,,	
9 ,, 15 ,,	2920	70 ,,	16 ,,	
9 ,, 30 ,,	2970	50 ,,	16 ,′	
9 ,, 45 ,,	3020	50 ,,	16 ,,	216 ,,
10 ,, — ,,	3070	50 ,,	16 ,,	
10 ,, 15 ,,	3120	50 ,,	16 ,,	
10 ,, 30 ,,	3160	40 ,,	16 ,,	
10 ,, 45 ,,	3190	30 ,,	16 ,,	142 ,,
11 ,, — ,,	3215	25 ,,	16 ,,	
11 ,, 15 ,,	3230	15 ,,	16 ,,	
11 ,, 30 ,,	3240	10 ,,	16 ,.	25 ,,
		870 c′		855 c′

Kohlensäure $= 0$

Spec. Gewicht $= \left(\dfrac{163}{245}\right)^{.2} = 0{,}44$

5,1 c′ ergaben am Photometer $= 7$ Kerzen

1,75 c′ zeigten am *Erdmann*'schen Prüfer 29°

1,72 c′ brauchten zur Entleuchtung $= 3{,}89$ c′ Luft.

Cokeausbeute $= 99{,}7$ Pfd. $= 5\frac{1}{4}$ c′

Theer und Wasser $= 17{,}9$ Pfd.

Ausbeute nach Gewicht:

855 c′ Gas	$=$	26,29 Pfd.
Coke	$=$	99,70 ,,
Theer und Wasser	$=$	17,90 ,,
Reinigung und Verlust	$=$	6,11 ,,
		150,00 ,,

2 Lagen *Laming*'sche Masse schmutzig.

8. „Vereinigte Hannibal", Flötz V (Hannibal). — 30. Aug 1862.
Ladung: 150 Zollpfd. $= 4$ c′.

	Stand der Gasuhr	Production	Temperatur nach Celsius	Production bei 10° Cels.
7 Uhr — Mt.	3240		12 °	
7 ,, 15 ,,	3310	70 c′	12 ,,	
7 ,, 30 ,,	3370	60 ,,	12 ,,	243 c′
7 ,, 45 ,,	3425	55 ,,	12 ,,	
8 ,, — ,,	3485	60 ,,	12 ,,	
8 ,, 15 ,,	3560	75 ,,	12 ,,	
8 ,, 30 ,,	3620	60 ,,	12 ,,	
8 ,, 45 ,,	3680	60 ,,	12 ,,	253 ,,
9 ,, — „	3740	60 ,,	12 ,,	

	Stand der Gasuhr	Production	Temperatur nach Celsius	Production bei 10° Cels.
9 Uhr 15 Mt.	3790	50 „	13 „	
9 „ 30 „	3850	60 „	13 „	
9 „ 45 „	3900	50 „	13 „	208 „
10 „ — „	3950	50 „	14 „	
10 „ 15 „	4000	50 „	14 „	
10 „ 30 „	4045	45 „	14 „	
10 „ 45 „	4080	35 „	14 „	148 „
11 „ — „	4100	20 „	14 „	
11 „ 15 „	4115	15 „	14 „	15 „
		875 c′		867 c′

Kohlensäure $= 0$

Spec. Gewicht $= \left(\dfrac{159}{245}\right)^2 = 0{,}42$

5,9 c′ ergaben am Photometer 11 Kerzen

1,81 c′ zeigten am *Erdmann*'schen Prüfer 31°

1,65 c′ brauchten zur Entleuchtung 3,83 c′ Luft.

    Cokeausbeute $= 100{,}9$ Pfd. $= 5\frac{1}{4}$ c′

    Theer und Wasser $= 19{,}4$ Pfd.

Ausbeute nach Gewicht:

    867 c′ Gas $=$ 25,45 Pfd.

    Coke $=$ 100,90 „

    Theer und Wasser $=$ 19,40 „

    Reinigung und Verlust $=$ 4,25 „

                           150,00 Pfd.

$2\frac{1}{2}$ Lagen *Laming*'sche Masse schmutzig.

9. „Holland". — 1. Sept. 1862.

    Ladung: 150 Pfd. $= 3\frac{1}{2}$ c′ engl.

	Stand der Gasuhr	Production	Temperatur nach Cels.	Production bei 10° Cels.
7 Uhr — Mt.	4115		15 °	
7 „ 15 „	4190	75 c′	16 „	
7 „ 30 „	4260	70 „	16 „	279 c′
7 „ 45 „	4330	70 „	16 „	
8 „ — „	4400	70 „	16 „	
8 „ 15 „	4450	50 „	16 „	
8 „ 30 „	4510	60 „	16 „	
8 „ 45 „	4565	55 „	16 „	216 „
9 „ — „	4620	55 „	16 „	
9 „ 15 „	4680	60 „	17 „	
9 „ 30 „	4730	50 „	17 „	
9 „ 45 „	4775	45 „	17 „	190 „
10 „ — „	4815	40 „	17 „	

	Stand der Gasuhr	Production	Temperatur nach Celsius	Production bei 10º Cels.
10 Uhr 15 Mt.	4850	35 „	17 „	
10 „ 30 „	4885	35 „	17 „	
10 „ 45 „	4920	35 „	17 „	122 „
11 „ — „	4940	20 „	17 „	
11 „ 15 „	4956	16 „	17 „	16 „
		841 c'		823 c'

Kohlensäure = 0

Spec. Gewicht $= \left(\frac{169}{247}\right)^z = 0{,}47$

5,1 c' ergaben am Photometer 6½ Kerzen
1,85 c' zeigten am *Erdmann*'schen Prüfer 29º
1,79 c' brauchten zur Entleuchtung 3,89 c' Luft.

Cokeausbeute 107,5 Pfd.
Theer und Wasser 13,4 Pfd.

Ausbeute nach Gewicht:

    823 c' Gas   =   27,04 Pfd.
    Coke   = 107,50   „
    Theer und Wasser   =   13,40   „
    Reinigung und Verlust =   2,06   „
    ────────────────────────────────
                            150,00 Pfd.

1 Lage *Laming*'sche Masse schmutzig.

B. *Saarbrücker Kohlen.*

10. „Heinitz". — 3. Juli 1862.
    Ladung: 150 Zollpfd. = 4 c' engl.

	Stand der Gasuhr	Production	Temperatur nach Celsius	Production bei 10º Cels.
1 Uhr 45 Mt.	6686		15 º	
2 „ — „	6766	80 c'	16 „	
2 „ 15 „	6850	84 „	16,5 „	315 c'
2 „ 30 „	6928	78 .,	17 „	
2 „ 45 „	7007	79 „	17,5 .,	
3 „ — .,	7080	73 „	18 „	
3 „ 15 „	7150	70 „	18 „	
3 „ 30 „	7215	65 „	18,5 „	253 „
3 „ 45 „	7271	56 „	18,5 „	
4 „ — „	7320	49 „	18,5 „	
4 „ 15 „	7363	43 „	18 „	
4 „ 30 „	7406	43 „	18 „	174. „
4 „ 45 „	7450	44 „	18 „	

	Stand der Gasuhr	Production	Temperatur nach Celsius	Production bei 10° Cels.
5 Uhr — Mt.	7490	40 „	18 „	
5 „ 15 „	7522	32 „	18 „	
5 „ 30 „	7550	28 „	18 „	109 „
5 „ 45 „	7562	12 „	17 „	
6 „ — „	7571	9 „	17 „	9 „
		885 c′		860 c′

Kohlensäure = 0

Spec. Gewicht = $\left(\frac{145}{222}\right)^2 = 0,415$

5,15 c′ ergaben am Photometer 9 Kerzen
1,82 c′ zeigten am *Erdmann*'schen Prüfer 28,5°
1,81 c′ brauchten zur Entleuchtung 4,0 c′ Luft.
    Cokeausbeute 99 Pfd. = 5,33′
    Theer und Wasser 19 Pfd.
Ausbeute nach Gewicht:
    860 c′ Gas   = 24,90 Pfd.
    Coke   = 99,00 „
    Theer und Wasser = 19,00 „
    Reinigung u. Verlust = 7,10 „
                        150,00 Pfd.
1 Lage *Laming*'sche Masse schmutzig.

11. „St. Ingbert". — 5. Juli 1862.
    Ladung: 150 Zollpfd. = 3³/₄ c′ engl.

	Stand der Gasuhr	Production	Temperatur nach Celsius	Production bei 10° Cels.
2 Uhr — Mt.	9419		17 „	
2 „ 15 „	9509	90 c′	19 „	
2 „ 30 „	9590	81 „	19,5„	297 c′
2 „ 45 „	9662	72 „	20 „	
3 „ — „	9725	63 „	20,5„	
3 „ 15 „	9790	65 „	21 „	
3 „ 30 „	9850	60 „	21 „	
3 „ 45 „	9906	56 „	21 „	228 „
4 „ — „	9962	56 „	21 „	
4 „ 15 „	10016	54 „	21 „	
4 „ 30 „	10069	53 „	21 „	
4 „ 45 „	10118	49 „	21 „	195 „
5 „ — „	10164	46 „	21 „	
5 „ 15 „	10207	43 „	21 „	
5 „ 30 „	10246	39 „	21 „	
5 „ 45 „	10285	39 „	21 „	146 „
6 „ — „	10316	31 „	21 „	

4

	Stand der Gasuhr	Production	Temperatur nach Celsius	Production bei 10° Cels.
6 Uhr 15 Mt.	10342	26 „	20,5 „.	
6 „ 30 „	10363	21 „	20,5 „	57 „
6 „ 45 „	10375	12 .,	20,5 „	
		956 c′		923 c′

Kohlensäure = 0

Spec. Gewicht $= \left(\frac{143}{222}\right)^2 = 0{,}415$

4,9 c′ ergaben am Photometer 10,5 Kerzen

1,75 c′ zeigten am *Erdmann*'schen Prüfer 29½ °

1,78 c′ brauchten zur Entleuchtung 4,02 c′ Luft.

    Cokeausbeute 103 Pfd. = 5 c′

    Theer und Wasser 15 Pfd.

Ausbeute nach Gewicht:

    923 c′ Gas   = 26,8 Pfd.

    Coke   = 103.0 „

    Theer und Wasser = 15,0 „

    Reinigung und Verlust = 5,2 „

                     150,0 Pfd.

1 Lage *Laming*'sche Masse schmutzig.

12. „Altenwald." — 4. Juli 1862.

    Ladung: 150 Zollpfd. = 4 c′ engl.

	Stand der Gasuhr	Production	Temperatur nach Celsius	Production bei 10° Cels.
7 Uhr – Mt.	7571		14 "	
7 „ 15 „	7647	76 c′	14 „	
7 „ 30 „	7729	82 „	14 „	296 c′
7 „ 45 „	7802	73 „	14,5 „	
8 „ — „	7870	68 „	15 „	
8 „ 15 „	7940	70 „	15 „	
8 „ 30 „	8000	60 „	16 „	237 „
8 „ 45 „	8055	55 „	16 „	
9 „ — „	8110	55 „	17 „	
9 „ 15 „	8168	58 „	17 „	
9 „ 30 „	8225	57 „	17 „	213 „
9 „ 45 „	8276	51 „	17 „	
10 „ — „	8327	51 „	17 „	
10 „ 15 „	8375	48 „	17 „	
10 „ 30 „	8412	37 „	17 „	133 „
10 „ 45 „	8441	29 „	17 „	
11 „ — „	8463	22 „	16,5 „	
11 „ 15 „	8477	14 „	16,5 „	22 „
11 „ 30 „	8485	8 „	16,5 „	
		914 c′		901 c′

Kohlensäure = 0

$$\text{Spec. Gewicht} = \left(\frac{141}{222}\right)^? = 0,40$$

5,55 c′ ergaben am Photometer 10 Kerzen

1,79 c′ zeigten am *Erdmann*'schen Prüfer 28⁰

1,79 c′ brauchten zur Entleuchtung 3,81 c′ Luft

    Cokeausbeute 100 Pfd. = 5⅓ c′

Theer und Wasser 18 Pfd.

    Ausbeute nach Gewicht:

901 c′ Gas	= 25,2 Pfd.
Coke	= 100,0 „
Theer und Wasser	= 18,0 „
Reinigung u. Verlust	= 6,8 „

            150,0 Pfd.

1 Lage *Laming*'sche Masse schmutzig.

13. „Duttweil" — Mellinschacht. — 3. Juli 1862.

    Ladung: 150 Zollpfd. = 4 c′ engl.

	Stand der Gasuhr	Production	Temperatur nach Celsius	Production bei 10⁰ Cels.
7 Uhr — Mt.	5838		12 ⁰	
7 „ 15 „	5902	64 c′	12 „	
7 „ 30 „	5961	59 „	12,5 „	260 c′
7 „ 45 „	6030	69 „	13 „	
8 „ — „	6100	70 „	13,5 „	
8 „ 15 „	6160	60 „	14 „	
8 „ 30 „	6220	60 „	14 „	232 „
8 „ 45 „	6280	60 „	14,5 „	
9 „ — „	6335	55 „	14,5 „	
9 „ 15 „	6388	53 „	14,5 „	
9 „ 30 „	6440	52 „	15 „	198 „
9 „ 45 „	6490	50 „	15 „	
10 „ — „	6536	46 „	15 „	
10 „ 15 „	6576	40 „	15 „	
10 „ 30 „	6603	27 „	15 „	105 „
10 „ 45 „	6623	20 „	15 „	
11 „ — „	6643	20 „	15 „	
11 „ 15 „	6663	20 „	15 „	
11 „ 30 „	6681	18 „	15 „	42 „
11 „ 45 „	6686	5 „	15 „	
		848 c′		837 c′

Kohlensäure = 0

$$\text{Spec. Gewicht} = \left(\frac{141}{222}\right)^? = 0,405$$

5,26 c' ergaben am Photometer 10 Kerzen

1,78 c' zeigten am *Erdmann*'schen Prüfer 28$\frac{1}{2}$ ^{0}

1,75 c' brauchten zur Entleuchtung 3,86 c' Luft.

 Cokeausbeute 102 Pfd. = 5 c'

Theer und Wasser 19 Pfd.

Ausbeute nach Gewicht:

   837 c' Gas   =   23,7 Pfd.

   Coke   = 102,0 ,,

   Theer und Wasser =   19,0 ,,

   Reinigung und Verlust =   5,3 ,,

           150,0 Pfd.

1 Lage *Laming*'sche Masse schmutzig.

14. „Duttweil" — Kalleyschacht. — 5. Juli 1862.
  Ladung: 150 Pfd. = 4 c' engl.

	Stand der Gasuhr	Production	Temperatur nach Celsius	Production bei 10° Cels
7 Uhr — Mt.	8485		14,5°	
7 ,, 15 ,,	8575	90 c'	14,5 ,,	
7 ,, 30 ,,	8656	81 ,,	15 ,,	316$\frac{1}{4}$c'
7 ,, 45 ,,	8730	74 ,,	15,5 ,,	
8 ,, — ,,	8806	76 ,,	16 ,,	
8 ,, 15 ,,	8884	78 ,,	17 ,,	
8 ,, 30 ,,	9966	82 ,,	17 ,,	
8 ,, 45 ,,	9043	77 ,,	17,5 ,,	305 ,,
9 ,, — ,,	9118	75 ,,	17,5 ,,	
9 ,, 15 ,,	9196	78 ,,	18 ,,	
9 ,, 30 ,,	9279	83 ,,	18 ,,	
9 ,, 45 ,,	9337	58 ,,	17,5 ,,	252 ,,
10 ,, — ,,	9377	40 ,,	17 ,,	
10 ,, 15 ,,	9402	25 ,,	16,5 ,,	
10 ,, 30 ,,	9415	13 ,,	16,5 ,,	41 ,,
10 ,, 45 ,,	9419	4 ,,	16,5 ,,	
		934 c'		914 c'

  Kohlensäure = 0

  Spec. Gewicht = $\left(\frac{141}{222}\right)^z$ = 0,4

5,56 c' ergaben am Photometer 11 Kerzen

1,80 c' zeigten am *Erdmann*'schen Prüfer 29°

1,75 c' brauchten zur Entleuchtung 4,13 c' Luft.

  Cokeausbeute = 103 Pfd. = 5$\frac{1}{4}$ c'

  Theer und Wasser = 15 Pfd.

Ausbeute nach Gewicht:

914 c′ Gas	= 25,5 Pfd.
Coke	= 103 „
Theer und Wasser	= 15 „
Reinigung u. Verlust	= 6,5 „
	150 Pfd.

1 Lage *Laming*'sche Masse schmutzig.

15. „Dechen." — 7. Juli 1862.

Ladung: 150 Pfd. = 4 c′ engl.

	Stand der Gasuhr	Production		Production bei 10° Celsius
7 Uhr — Mt.	1193			
7 „ 15 „	1276	83 c′		
7 „ 30 „	1360	84 „		
7 „ 45 „	1440	80 „		
8 „ — „	1510	70 „		
8 „ 15 „	1575	65 „		
8 „ 30 „	1630	55 „		
8 „ 45 „	1675	45 „	Die Temperatur ist nicht beobachtet worden, die Reduction daher ohngefähr nach Maassgabe der vorherigen Versuche vorgenommen.	
9 „ — „	1725	50 „		
9 „ 15 „	1770	45 „		
9 „ 30 „	1810	40 „		
9 „ 45 „	1850	40 „		
10 „ — „	1880	30 „		
10 „ 15 „	1910	30 „		
10 „ 30 „	1940	30 „		
10 „ 45 „	1957	17 „		
11 „ — „	1975	18 „		
11 „ 15 „	1987	12 „		
		794 c′		782 c′

Kohlensäure = 0

Spec. Gewicht $= \left(\frac{145}{223}\right)^z = 0,4$.

5,42 c′ ergaben am Photometer 9½ Kerzen

1,78 c′ zeigten am *Erdmann*'schen Prüfer 29°

1,77 c′ brauchten zur Entleuchtung 4,02 c′ Luft.

Cokeausbeute 101 Pfd. (sehr mit Schiefer verunreinigt)

Theer und Wasser 23,5 Pfd.

Ausbeute nach Gewicht:

782 c′ Gas	= 21,86 Pfd
Coke	= 101,00 „
Theer und Wasser	= 23,50 „
Reinigung u. Verlust	= 3,64 „
	150,00 Pfd.

1 Lage *Laming*'sche Masse schmutzig.

C. *Zwickauer Kohlen.*

16. „Frisch Glück, Oberhohndorf."

Erster Versuch: 7. Mai 1862.

Ladung: 150 Zollpfd. = 4 c' engl.

	Stand der Gasuhr	Production	Temperatur nach Celsius	Production bei 10⁰ Cels.
8 Uhr — Mt.	3562		12 ⁰	
8 „ 15 „	3635	73 c'	12,2 „	
8 „ 30 „	3707	72 „	14,8 „	3⁹9,5 c'
8 „ 45 „	3795	88 „	17,5 „	
9 „ — „	3878	83 „	19,5 „	
9 „ 15 „	3968	90 „	21,5 „	
9 „ 30 „	4056	88 „	23,0 „	
9 „ 45 „	4142	86 „	24,5 „	328,5 „
10 „ — „	4222	80 „	25,0 „	
10 „ 15 „	4291	69 „	23,5 „	
10 „ 30 „	4343	52 „	22,5 „	
10 „ 45 „	4375	32 „	21,0 „	163 c'
11 „ „	4393	18 „	19,0 „	
11 „ 15 „	4401	8 „	17,5 „	8 „
		839 c'		809 c'

Kohlensäure = 0

Spec. Gewicht = $\left(\frac{148}{220}\right)^2 = 0,45$

4,775 c' ergaben am Photometer 10,5 Kerzen

1,656 c' zeigten am *Erdmann*'schen Prüfer 30,5⁰

1,652 c' brauchten zur Entleuchtung 3,9 c' Luft.

Cokeausbeute 84 Zollpfd. = 4½ c'

Theer und Wasser 19 Pfd.

Ausbeute nach Gewicht:

809 c' Gas	= 25,45 Pfd.	
Coke	= 84,00 „	
Theer und Wasser	= 19,00 „	
Reinigung u. Verlust	= 21,55 „	
	150,00 Pfd.	

2 Lagen *Laming*'sche Masse schmutzig.

Zweiter Versuch: 30. Juni 1862.

Ladung: 150 Zollpfd. = 4 c' engl.

	Stand der Gasuhr	Production	Temperatur nach Celsius	Production bei 10⁰ Cels.
8 Uhr — Mt.	2685		10 ⁰	
8 „ 15 „	2745	60 c'	10 „	
8 „ 30 „	2797	52 „	10,5 „	218 c'
8 „ 45 „	2849	52 „	11 „	
9 „ — „	2903	54 „	11,5 „	

	Stand der Gasuhr	Production	Temperatur nach Celsius	Production bei 10° Cels.
9 Uhr 15 Mt.	2961	58 „	12 „	
9 „ 30′ „	3020	59 „	13 „	227 „
9 „ 45 „	3077	57 „	14 „	
10 „ — „	3132	55 „	14 „	
10 „ 15 „	3190	58 „	14,5 „	
10 „ 30 „	3245	55 „	15 „	214 „
10 „ 45 „	3297	52 „	15 „	
11 „ — „	3350	53 „	15,5 „	
11 „ 15 „	3398	48 „	15 „	
11 „ 30 „	3444	46 „	14,5 „	131 „
11 „ 45 „	3473	29 „	14 „	
12 „ — „	3483	10 „	14 „	
		798 c′		790 c′

Kohlensäure = 0

Spec. Gewicht $= \left(\dfrac{147}{222}\right)^2 = 0,44.$

4,9 c′ ergaben am Photometer 9,5 Kerzen

1,85 c′ zeigten am *Erdmann*'schen Prüfer 30°

1,70 c′ brauchten zur Entleuchtung 4,00 c′ Luft.

Cokeausbeute = 86 Pfd. = 4½ c′

Theer und Wasser 28 Pfd.

Ausbeute nach Gewicht:

790 c′ Gas	= 24,3 Pfd.	
Coke	= 86,0	„
Theer und Wasser	= 28,0	„
Reinigung u. Verlust	= 11,7	„
	150,0 Pfd.	

1 Lage *Laming*'sche Masse schmutzig.

Dritter Versuch. 14. August 1862.

Ladung: 150 Pfd. = 4 c′

	Stand der Gasuhr	Production	Temperatur nach Celsius	Production bei 10° Cels.
7 Uhr — Mt.	4805		12 °	
7 „ 15 „	4870	65 c′	12 „	
7 „ 30 „	4925	55 „	13 „	232 c′
7 „ 45 „	4990	65 „	14 „	
8 „ — „	5040	50 „	15 „	
8 „ 15 „	5100	60 „	16 „	
8 „ 30 „	5170	70 „	17 „	
8 „ 45 „	5225	55 „	18 „	244 „
9 „ — „	5290	65 „	18 „	

	Stand der Gasuhr	Production	Temperatur nach Celsius	Production bei 10° Cels.
9 Uhr 15 Mt.	5345	55 „	18 „	
9 „ 30 „	5410	65 „	18 „	
9 „ 45 „	5460	50 „	19 „	213 c′
10 „ — „	5510	50 „	19 „	
10 „ 15 „	5560	50 „	19 „	
10 „ 30 „	5595	35 „	19 „	
10 „ 45 „	5615	20 „	21 „	112 „
11 „ — „	5626	11 „	21 „	
		821 c′		801 c′

Kohlensäure = 0

Spec. Gewicht $= \left(\frac{167}{240}\right)^2 = 0,48$

4,44 c′ ergaben am Photometer 11 Kerzen

1,56 c′ zeigten am *Erdmann*'schen Prüfer 31°

1,51 c′ brauchten zur Entleuchtung 3,81 c′ Luft.

Cokeausbeute 79, 5 Pfd.

Theer und Wasser 28 Pfd.

Ausbeute nach Gewicht:

801 c′ Gas	= 26,87 Pfd.	
Coke	= 79,50 „	
Theer und Wasser	= 28,00 „	
Reinigung u Verlust	= 15,63 „	
	150,00 Pfd.	

1½ Lagen *Laming*'sche Masse schmutzig.

17. „Augustusschacht des Oberhohndorf-Schader Steinkohlenbau-Vereins."
Erster Versuch. 29. Juni 1862.
Ladung 150 Pfd. = 4 c′ engl.

	Stand der Gasuhr	Production	Temperatur nach Celsius	Production bei 10° Cels.
7 Uhr — Mt.	1872		10 °	
7 „ 15 „	1946	74 c′	10 „	
7 „ 30 „	2020	74 „	10 „	303 c′
7 „ 45 „	2099	79 „	11 „	
8 „ — „	2175	76 „	11 „	
8 „ 15 „	2252	77 „	12 „	
8 „ 30 „	2331	79 „	13 „	
8 „ 45 „	2409	78 „	14 „	304 „
9 „ — „	2482	73 „	14 „	
9 „ 15 „	2550	68 „	15 „	
9 „ 30 „	2615	65 „	15 „	
9 „ 45 „	2652	37 „	14 „	185 „
10 „ — „	2670	18 „	13 „	
10 „ 15 „	2680	10 „	13 „	10 „
		808 c′		802 c,

Kohlensäure $= 0$

Spec. Gewicht $= \left(\dfrac{146}{223}\right)^2 = 0{,}43$

5,40 c′ ergaben am Photometer 8,5 Kerzen

1,80 c′ zeigten am *Erdmann*'schen Prüfer 27°

1,74 c′ brauchten zur Entleuchtung 3,81 c′ Luft.

    Cokeausbeute 84 Pfd. $= 4\frac{1}{2}$ c′

    Theer und Wasser 28 Pfd.

Ausbeute nach Gewicht:

802 c′ Gas	$= 24{,}11$ Pfd.	
Coke	$= 84$	,,
Theer und Wasser	$= 28$	,,
Reinigung u. Verlust	$= 13{,}89$	,,
	150,00 Pfd.	

1 Lage *Laming*'sche Masse schmutzig.

Zweiter Versuch 22. Juli 1862.

Ladung 150 Pfd. $= 4$ c′ engl

	Stand der Gasuhr	Production	Temperatur nach Celsius	Production bei 10° Cels.
2 Uhr — Mt.	5030		14 °	
2 ,, 15 ,,	5082	52 c′	15 ,,	
2 ,, 30 ,,	5130	48 ,,	16 ,,	203 c′
2 ,, 45 ,,	5182	52 ,,	17 ,,	
3 ,, — ,,	5237	55 ,,	19 ,,	
3 ,, 15 ,,	5295	58 ,,	20 ,,	
3 ,, 30 ,,	5355	60 ,,	20,5 ,,	235 ,,
3 ,, 45 ,,	5420	65 ,,	21 ,,	
4 ,, — ,,	5480	60 ,,	21 ,,	
4 ,, 15 ,,	5541	61 ,,	21 ,,	
4 ,, 30 ,,	5598	57 ,,	20,5 ,,	213 ,,
4 ,, 45 ,,	5650	52 ,,	20 ,,	
5 ,, — ,,	5700	50 ,,	20 ,,	
5 ,, 15 ,,	5740	40 ,,	19 ,,	
5 ,, 30 ,,	5777	37 ,,	19 ,,	124 ,,
5 ,, 45 ,,	5805	28 ,,	18 ,,	
6 ,, — ,,	5827	22 ,,	17 ,,	
6 ,, 15 ,,	5837	10 ,,	16 ,,	10 ,,
		807 c′		785 c′

Kohlensäure $= 0$

Spec. Gewicht $= \left(\dfrac{146}{221}\right)^2 = 0{,}45$

4,82 c′ ergaben am Photometer 10 Kerzen

1,65 c′ zeigten am *Erdmann*'schen Prüfer 29½ °

1,64 c′ brauchten zur Entleuchtung 3,91 c′ Luft.

Cokeausbeute 84 Pfd. = 4¾ c′

Theer und Wasser 31½ Pfd.

Ausbeute nach Gewicht:

785 c′ Gas   = 24,7 Pfd.

Coke   = 84   „

Theer und Wasser   = 31,5   „

Reinigung und Verlust = 9,8   „
_____
150,0 Pfd.

1 Lage *Laming*'sche Masse schmutzig.

18. „Hilfe Gottes Schacht der Zwickauer Bürgergewerkschaft" 1. Juli 1862.
Ladung 150 Pfd. = 4 c′ engl.

	Stand der Gasuhr	Production	Temperatur nach Celsius	Production bei 10° Cels.
7 Uhr — Mt.	3483		11 °	
7 „ 15 „	3551	68 c′	11 „	
7 „ 30 „	3613	62 „	11 „	260 c′
7 „ 45 „	3679	66 „	11 5 „	
8 „ -- „	3744	65 „	12 „	
8 „ 15 „	3813	69 „	13 „	
8 „ 30 „	3882	69 „	14 „	273 „
8 „ 45 „	3951	69 „	14,5 „	
9 „ — „	4020	69 „	15 „	
9 „ 15 „	4078	58 „	15 „	
9 „ 30 „	4125	47 „	14 „	178 „
9 „ 45 „	4170	45 „	14 „	
10 „ — „	4200	30 „	13,5 „	
10 „ 15 „	4220	20 „	13 „	
10 „ 30 „	4230	10 „	12,5 „	35 „
10 „ 45 „	4235	5 „	12 „	
		752 c′		746 c′

Kohlensäure = 0

Spec. Gewicht = $\left(\dfrac{146}{222}\right)^x = 0,43$

4,32 c′ ergaben am Photometer 9,5 Kerzen

1,70 c′ zeigten am *Erdmann*'schen Prüfer 30°

1,65 c′ brauchten zur Entleuchtung 3,98 c′ Luft

Cokeausbeute 86 Pfd. = 4¾ c′

Theer und Wasser 26 Pfd.

Ausbeute nach Gewicht:

746 c′ Gas   = 22,42 Pfd.

Coke   = 86   „

Theer und Wasser   = 26   „

Reinigung u. Verlust = 15,58   „
_____
150,00 Pfd.

1½ Lagen *Laming*'sche Masse schmutzig.

19. „Bürgerschacht der Zwickauer Bürgergewerkschaft." — 2. Juli 1862.
Ladung 150 Zollpfd. = 4 c′ engl.

	Stand der Gasuhr	Production	Temperatur nach Celsius	Production bei 10° Cels.
7 Uhr — Mt.	4231		12 °	
7 „ 15 „	4300	69 c′	12 „	
7 „ 30 „	4359	59 „	12,5„	244 c′
7 „ 45 „	4418	59 „	13 „	
8 „ — „	4477	59 „	14 „	
8 „ 15 „	4536	59 „	15 „	
8 „ 30 „	4600	64 „	16 „	
8 „ 45 „	4663	63 „	16,5„	247 „
9 „ — „	4727	64 „	17 „	
9 „ 15 „	4785	58 „	17 „	
8 „ 30 „	4835	50 „	17 „	
9 „ 45 „	4880	45 „	17 „	186 „
10 „ — „	4918	38 „	16,5„	
10 „ 15 „	4955	37 „	16 „	
10 „ 30 „	4985	30 „	15 „	104 „
10 „ 45 „	5005	20 „	14,5„	
11 „ — „	5023	18 „	14 „	
11 „ 15 „	5030	7 „	14 „	7 „
		799 c′		788 c′

Kohlensäure = 0

Spec. Gewicht = 0,45

4,72 c′ ergaben am Photometer 10 Kerzen

1,60 c′ zeigten am *Erdmann*'schen Prüfer 29,5 c′

1,61 c′ brauchten zur Entleuchtung 3,96 c′ Luft.

Cokeausbeute = 84 Pfd. = 4³/₄ c′
Theer und Wasser = 28 Pfd.

Ausbeute nach Gewicht:

788 c′ Gas	= 24,7 Pfd.	
Coke	= 84	„
Theer und Wasser	= 28	„
Reinigung u. Verlust	= 13,3	„
	150,0 Pfd.	

1¹/₂ Lagen *Laming*'sche Masse schmutzig.

20. Kohlen von *Schulze* u. *Dietze* in Zwickau. (Kästner's Schacht, Ober-hohndorf.) — 10. Mai 1862.

Ladung 150 Zollpfd. = 4 c′ engl.

	Stand der Gasuhr	Production	Temperatur nach Celsius	Production bei 10° Cels.
8 Uhr — Mt.	5244		11,5	
8 „ 15 „	5307	63 c′	11,7	
8 „ 30 „	5375	68 „	12,0	278¹/₂ c′
8 „ 45 „	5445	70 „	13,0	
9 „ — „	5525	80 „	14,0	

5*

	Stand der Gasuhr	Production	Temperatur nach Celsius	Production bei 10° Cels.
9 Uhr 15 Mt.	5610	85 „	15,0	
9 „ 30 „	5695	85 „	16,0	
9 „ 45 „	5780	85 „	16,2	325½ c′
10 „ — „	5855	75 „	16,4	
10 „ 15 „	5920	65 „	16,7	
10 „ 30 „	5969	49 „	15,7	162 „
10 „ 45 „	6005	36 „	15,0	
11 „ — „	6020	15 „	14,0	
11 „ 15 „	6029	9 „	13,0	
11 „ 30 „	6035	6 „	13,0	20 „
11 „ 45 „	6040	5 „	13,0	
		796 c′		786 c′

Kohlensäure = 0

Spec. Gewicht $= \left(\frac{151}{220}\right)^2 = 0,47.$

4,70 c′ ergaben am Photometer 9,5 Kerzen

1,76 c′ zeigten am *Erdmann*'schen Prüfer 29⁰

1,75 c′ brauchten zur Entleuchtung 3,92 c′ Luft.

    Cokeausbeute = 85 Pfd.

    Theer und Wasser = 23,5 Pfd.

    Ausbeute nach Gewicht:

786 c′ Gas	= 25,82 Pfd.	
Coke	= 85	„
Theer und Wasser	= 23,5	„
Reinigung u. Verlust	= 15,68	„
	150,00 Pfd.	

1½ Lagen *Laming*'sche Masse schmutzig.

D. *Schlesische Kohlen.*

21. „Wrangelschacht, Glückhilfsgrube im Hermsdorfer Revier.“
Erster Versuch. 10. Juli 1862.
Ladung: 150 Zoll-Pfd. = 3¾ c′ engl.

	Stand der Gasuhr	Production	Temperatur nach Celsius	Production bei 10° Cels.
7 Uhr — Mt.	4395		13 ⁰	
7 „ 15 „	4500	105 c′	14 „	
7 „ 30 „	4580	80 „	16 „	329 c′
7 „ 45 „	4650	70 „	16 „	
8 „ — „	4730	80 „	17 „	
8 „ 15 „	4800	70 „	17½ „	
8 „ 30 „	4880	80 „	18 „	268 „
8 „ 45 „	4945	65 „	17 „	
9 „ — „	5005	60 „	17½ „	

	Stand der Gasuhr	Production	Temperatur nach Celsius	Production bei 10° Cels.
9 Uhr 15 Mt.	5070	65 „	17½ „	} 186 c'
9 „ 30 „	5115	45 „	17 „	
9 „ 45 „	5155	40 „	17 „	
10 „ — „	5195	40 „	17 „	
10 „ 15 „	5225	30 „	17 „	} 93 „
10 „ 30 „	5255	30 „	16½ „	
10 „ 45 „	5275	20 „	16 „	
11 „ — „	5290	15 „	16 „	
11 „ 15 „	5301	11 „	16 „	11 „
		906 c'		887 c'

Kohlensäure $= 0$

Spec. Gewicht $= \left(\dfrac{150}{226}\right)^2 = 0{,}44$

6,8 c' ergaben am Photometer 7,25 Kerzen

1,94 c' zeigten am *Erdmann*'schen Prüfer 27,5 °

1,91 c' brauchten zur Entleuchtung 3,875 c' Luft.

Cokeausbeute $= 105$ Pfd.

Theer und Wasser $= 15{,}68$ Pfd.

Ausbeute nach Gewicht:

887 c' Gas	=	27,28 Pfd.
Coke	=	105,00 „
Theer und Wasser	=	15,68 „
Reinigung und Verlust	=	2,04 „
		150,00 Pfd.

2½ Lagen *Laming*'sche Masse schmutzig.

Zweiter Versuch. 12. Juli 1862.

Ladung: 150 Zollpfd. $= 3¾$ c' engl.

	Stand der Gasuhr	Production	Temperatur nach Celsius	Production bei 10° Cels.
7 Uhr — Mt.	5312		11 °	
7 „ 15 „	5410	98 c'	11 „	} 311 c'
7 „ 30 „	5485	75 „	11 „	
7 „ 45 „	5555	70 „	12 „	
8 „ — „	5625	70 „	13 „	
8 „ 15 „	5700	75 „	13 „	
8 „ 30 „	5760	60 „	13 „	} 247 „
8 „ 45 „	5820	60 „	14 „	
9 „ — „	5875	55 „	14 „	
9 „ 15 „	5935	60 „	14 „	
9 „ 30 „	5985	50 „	14 „	} 197 „
9 „ 45 „	6035	50 „	14 „	
10 „ — „	6075	40 „	14 „	

	Stand der Gasuhr	Production	Temperatur nach Celsius	Production bei 10° Cels.
10 Uhr 15 Mt.	6110	35 „	13 „	
10 „ 30 „	6135	25 „	13 .,	
10 „ 45 „	6155	20 „	13 „	94 c′
11 „ — „	6170	15 „	13 „	
11 „ 15 „	6187	17 „	13 „	17 .,
		875 c′		866 c′

Kohlensäure = 0

Spec. Gewicht = $\left(\dfrac{149}{227}\right)^2 = 0,43.$

5,5 c′ ergaben am Photometer 5 5 Kerzen

2,01 c′ zeigten am *Erdmann*'schen Prüfer 27,5°

1,98 c′ brauchten zur Entleuchtung 3,96 c′ Luft.

Cokeausbeute 106 Zollpfd. = 5 c′

Theer und Wasser 14,56 Pfd.

Ausbeute nach Gewicht:

866 c′ Gas	=	26,03 Pfd.
Coke	=	106,00 „
Theer und Wasser	=	14,56 „
Reinigung u. Verlust	=	3,41 „
		150,00 Pfd.

2½ Lagen *Laming*'sche Masse schmutzig.

22. „Bradeschacht oder Fuchsstollen im Weissteiner Revier."

Erster Versuch. 13. Juli 1862.

Ladung: 150 Zollpfd. = 4 c′ engl.

	Stand der Gasuhr	Production	Temperatur nach Celsius	Production bei 10° Cels.
7 Uhr 15 Mt.	6190		12 °	
7 „ 30 „	6275	85 c′	12 „	
7 „ 45 „	6352	77 „	13 „	297 c′
8 „ — „	6415	63 „	13 „	
8 „ 15 „	6490	75 „	13 „	
8 „ 30 „	6558	68 „	14½ „	
8 „ 45 „	6628	70 „	15 „	261 „
9 „ — „	6695	67 „	15 „	
9 „ 15 „	6755	60 „	15 „	
9 „ 30 „	6820	65 „	15 „	
9 „ 45 „	6870	50 „	15 „	206 „
10 „ — „	6925	55 „	15 „	
10 „ 15 „	6965	40 „	15 „	
10 „ 30 „	7000	35 „	15 „	
10 „ 45 „	7025	25 „	14½ „	87 „
11 „ — „	7043	18 „	14½ „	
11 „ 15 „	7053	10 „	14 „	
		863 c′		851 c′

Kohlensäure $= 0$

Spec. Gewicht $= \left(\frac{148}{225}\right)^2 = 0,43.$

5,8 c′ ergaben am Photometer 7¼ Kerzen
1,89 c′ zeigten am *Erdmann*'schen Prüfer 29⁰
1,85 c′ brauchten zur Entleuchtung 3,876 c′ Luft.
 Cokeausbeute 97 Pfd. $= 5¼$ c′
 Theer und Wasser 19 Pfd.

Ausbeute nach Gewicht:
851 c′ Gas	$= 25,58$	Pfd.	
Coke	$= 97$	„	
Theer und Wasser	$= 19$	„	
Reinigung u. Verlust	$= 8,42$	„	

      150,00 Pfd.

2½ Lagen *Laming*'sche Masse schmutzig.

Zweiter Versuch, 14. Juli 1862.
Ladung 150 Zollpfd. $= 4$ c′ engl.

			Stand der Gasuhr	Production	Temperatur nach Celsius	Production bei 10⁰ Cels.
7 Uhr	—	Mt.	7053		12 "	
7	„ 15	„	7140	87 c′	12 „	
7	„ 30	„	7220	80 „	12 „	299 c′
7	„ 45	„	7290	70 „	13 „	
8	„ —	„	7355	65 „	14 „	
8	„ 15	„	7426	71 „	14 „	
8	„ 30	„	7490	64 „	15½ „	243 „
8	„ 45	„	7550	60 „	16 „	
9	„ —	„	7603	53 „	16 „	
9	„ 15	„	7655	52 „	16 „	
9	„ 30	„	7705	50 „	16 „	193 „
9	„ 45	„	7755	50 „	16 „	
10	„ —	„	7800	45 „	16 „	
10	„ 15	„	7845	45 „	15½ „	
10	„ 30	„	7880	35 „	15 „	126 „
10	„ 45	„	7910	30 „	15 „	
11	„ —	„	7928	18 „	15 „	
11	„ 15	„	7936	8 „	15 „	8 „
				883 c′		869 c′

Kohlensäure $= 0$

Spec. Gewicht $= \left(\frac{145}{222}\right)^2 = 0,43.$

5,16 c′ ergaben am Photometer 7 Kerzen

1,92 c′ zeigten am *Erdmann*'schen Prüfer 29⁰

1,82 c′ brauchten zur Entleuchtung 3,94 c′ Luft.

 Cokeausbeute 97 Pfd. = 5¼ c′

Theer und Wasser 19 Pfd.

Ausbeute nach Gewicht:

 869 c′ Gas   = 26,12 Pfd.

 Coke   = 97 „

 Theer und Wasser = 19 „

 Reinigung u. Verlust = 7,88 „

        ———————

       150,00 Pfd.

2½ Lagen *Laming*'sche Masse schmutzig.

  E. *Kohlen aus dem Plauen'schen Grunde bei Dresden.*

23. „Windbergschacht des Potschappler Actien-Vereines." — 8. Juli 1862.
Ladung 150 Zollpfd. = 4 c′ engl.

	Stand der Gasuhr	Production	Temperatur nach Celsius	Production bei 10⁰ Cels.
7 Uhr 5 Mt.	1986		13 ⁰	
7 „ 20 „	2050	64 c′	14 „	
7 „ 35 „	2120	70 „	14 „	265 c′
7 „ 50 „	2195	75 „	14 „	
8 „ 5 „	2255	60 „	14 „	
8 „ 20 „	2320	65 „	15 „	
8 „ 35 „	2380	60 „	15 „	
8 „ 50 „	2440	60 „	16 „	231 „
9 „ 5 „	2490	50 „	16 „	
9 „ 20 „	2560	70 „	16 „	
9 „ 35 „	2600	40 „	16 „	
9 „ 50 „	2640	40 „	15 „	187 „
10 „ 5 „	2680	40 „	15 „	
10 „ 20 „	2715	35 „	15 „	
10 „ 35 „	2735	20 „	15 „	
10 „ 50 „	2750	15 „	15 „	80 „
11 „ 5 „	2761	11 „	15 „	
		———		———
		775 c′		763 c′

Kohlensäure = 0

Spec. Gewicht $= \left(\frac{145}{222}\right)^z = 0,426.$

5,30 c′ ergaben am Photometer 8½ Kerzen

1,85 c′ zeigten am *Erdmann*'schen Prüfer 28⁰

1,81 c′ brauchten zur Entleuchtung 3,89 c′ Luft.

 Cokeausbeute 96 Pfd. = 5 c′

Theer und Wasser 16,8 Pfd.

Ausbeute nach Gewicht:

763 c′ Gas	= 22,72	Pfd.
Coke	= 96	,,
Theer und Wasser	= 16,80	,,
Reinigung u Verlust	= 14,48	,,
	150,00	Pfd.

1½ Lagen *Laming*'sche Masse schmutzig.

24. „Oppeltschacht der k. sächs. Steinkohlenwerke Zaukeroda." — 9. Juli 1862. Ladung 150 Zollpfd. = 4 c′ engl.

	Stand der Gasuhr	Production	Temperatur nach Celsius	Production bei 10° Cels.
7 Uhr — Mt.	3550		12 °	
7 ,, 15 ,,	3645	95 c′	12 ,,	
7 ,, 30 ,,	3730	85 ,,	13½ ,,	326 c′
7 ,, 45 ,,	3810	80 ,,	14 ,,	
8 ,, — ,,	3880	70 ,,	15 ,,	
8 ,, 15 ,,	3960	80 ,,	16 ,,	
8 ,, 30 ,,	4030	70 ,,	16 ,,	269 ,,
8 ,, 45 ,,	4100	70 ,,	16 ,,	
9 ,, — ,,	4155	55 ,,	16 ,,	
9 ,, 15 ,,	4215	60 ,,	17 ,,	
9 ,, 30 ,,	4265	50 ,,	17 ,,	181 ,,
9 ,, 45 ,,	4305	40 ,,	17 ,,	
10 ,, — ,,	4340	35 ,,	-17 ,,	
10 ,, 15 ,,	4365	25 ,,	17 ,,	
10 ,, 30 ,,	4380	15 ,,	16½ ,,	49 ,,
10 ,, 45 ,,	4390	10 ,,	16 ,,	
		840 c′		825 c′

Kohlensäure = 0

Spec. Gewicht $= \left(\dfrac{150}{226}\right)^2 = 0,44.$

5,95 c′ ergaben am Photometer 7½ Kerzen
1,85 c′ zeigten am *Erdmann*'schen Prüfer 26,5°
1,88 c′ brauchten zur Entleuchtung 3,81 c′ Luft.

Cokeausbeute = 95 Pfd. = 4¾ c′
Theer und Wasser = 21 Pfd.

Ausbeute nach Gewicht:

825 c′ Gas	= 25,37	Pfd.
Coke	= 95	,,
Theer und Wasser	= 21	,,
Reinigung u. Verlust	= 8,63	,,
	150,00	Pfd.

1½ Lagen *Laming*'sche Masse schmutzig.

F. *Böhmische Kohlen aus dem Pilsener Becken.*

25. „Mantauer Oberflötz Nr. I.“*) — 27 Sept. 1861.
   Ladung: 168 Zoll-Pfd. = 4½ c′ engl.

	Stand der Gasuhr	Production
11 Uhr — Mt.	97,275	
11 „ 30 „	97,380	225 c′
12 „ — „	97,500	
12 „ 30 „	97,650	
1 „ — „	97,825	325 „
3 „ — „	98,231	406 „
		956 c′

Kohlensäure = 0

Spec Gewicht $= \left(\dfrac{163}{249}\right)^z = 0{,}43$

4½ c′ ergaben am Photometer 5 Kerzen
   Coke 106½ Pfd.
   Theer und Wasser 23½ Pfd.
Ausbeute nach Gewicht:

956 c′ Gas	= 28,73 Pfd.	
Coke	= 106,5 „	
Theer und Wasser	= 23,5 „	
Reinigung u. Verlust	= 9,27 „	
	168 Pfd.	

26. „Mantauer Oberflötz Nr. II.“ — 28. Sept. 1861.
   Ladung: 168 Zoll-Pfd. = 4½ c′ engl.

	Stand der Gasuhr	Production
11 Uhr — Mt.	98,241	
11 „ 30 „	98,345	239 c′
12 „ — „	98,480	
12 „ 30 „	98,640	
1 „ — „	98,780	300 „
1 „ 30 „	98,930	
2 „ — „	99,030	250 „
2 „ 30 „	99,070	
3 „ — „	99,100	70 „
		859 c′

---

*) Dieser und der folgende Versuch sind früher gemacht, als alle übrigen hier aufge-
führten, sie gehören einer Reihe von Vorversuchen an, bei welchen der Apparat noch weniger
vollständig und auch das Verfahren beschränkter war, als später   Ich habe sie nur deshalb
hier mit eingeschaltet, weil die böhmischen Kohlen in der Gasindustrie noch neu sind, und
jeder, selbst weniger vollständige, Aufschluss über ihr Verhalten von Interesse sein dürfte.

Kohlensäure = 0

Spec. Gewicht = $\left(\dfrac{162}{248}\right)^z = 0,43$

4½ c′ ergaben am Photometer 8 Kerzen
Cokeausbeute 105 Pfd.
Theer und Wasser 18½ Pfd.
Ausbeute nach Gewicht:

859 c′ Gas	.	= 25,8 Pfd.	
Coke		= 105	„
Theer und Wasser		= 18,5	„
Reinigung und Verlust		= 18,7	„

168,0 Pfd.

27. „Schwarzkohlen der St. Pankrazzeche bei Nürschan.“ — 19. Sept. 1862.
Ladung 150 Pfd. = 4 c′ engl.

	Stand der Gasuhr	Production	Temperatur nach Celsius	Production bei 10° Cels.
7 Uhr — Mt.	6125		13 °	
7 „ 15 „	6180	55 c′	14 „	
7 „ 30 „	6225	45 „	14 „	202 c′
7 „ 45 „	6275	50 „	15 „	
8 „ — „	6330	55 „	16 „	
8 „ 15 „	6390	60 „	17,,	
8 „ 30 „	6450	60 „	17 „	
8 „ 45 „	6520	70 „	17 „	244 „
9 „ — „	6580	60 „	18 „	
9 „ 15 „	6635	55 „	19 „	
9 „ 30 „	6690	55 „	19 „	
9 „ 45 „	6740	50 „	19 „	189 „
10 „ — „	6775	35 „	18 „	
10 „ 15 „	6805	30 „	17 „	
10 „ 30 „	6815	10 „	15 „	49 „
10 „ 45 „	6825	10 „	15 „	
		700 c′		684 c′

Kohlensäure = 0

Spec. Gewicht = $\left(\dfrac{142}{210}\right)^z = 0,46$.

5,2 c′ ergaben am Photometer 5 Kerzen
2,0 c′ zeigten am *Erdmann*'schen Prüfer 27°
1,8 c′ brauchten zur Entleuchtung 3,77 c′ Luft.
Cokeausbeute = 97,4 Pfd.
Theer und Wasser = 20,4 Pfd.

Ausbeute nach Gewicht:

6*

684 c′ Gas   = 21,99 Pfd.
Coke   = 97,4   „
Theer und Wasser   = 20,4   „
Reinigung u. Verlust = 10,21   „

                     150,0 Pfd.

1½ Lagen *Laming*'sche Masse schmutzig.

28. „Plattenkohle der St. Pankrazzeche bei Nürschan." — 23. Sept. 1862
Ladung 150 Zollpfd.

	Stand der Gasuhr	Production	Temperatur nach Celsius	Production bei 10° Cels.
7 Uhr — Mt.	6840		11 °	
7 „ 15 „	6930	90 c′	13 „	
7 „ 30 „	7010	80 „	13 „	327 c′
7 „ 45 „	7090	80 „	13 „	
8 „ — „	7170	80 „	13 „	
8 „ 15 „	7260	90 „	14 „	
8 „ 30 „	7340	80 „	15 „	
8 „ 45 „	7420	80 „	16 „	315 „
9 „ — „	7490	70 „	16 „	
9 „ 15 „	7550	60 „	16 „	
8 „ 30 „	7610	60 „	16 „	
9 „ 45 „	7660	50 „	16 „	216 „
10 „ — „	7710	50 „	16 „	
10 „ 15 „	7750	40 „	17 „	
10 „ 30 „	7770	20 „	17 „	70 „
10 „ 45 „	7782	12 „	16 „	
		942 c′		928 c′

Kohlensäure = 0

$$\text{Spec Gewicht} = \left(\frac{135}{188}\right)^{\varkappa} = 0,52$$

4 c′ ergaben am Photometer 18 Kerzen
1,02 c′ zeigten am *Erdmann*'schen Prüfer 41°
1,08 c′ brauchten zur Entleuchtung 3,85 c′ Luft.

     Cokeausbeute 76,16 Pfd.
     Theer und Wasser 22,4 Pfd.

Ausbeute nach Gewicht:
     928 c′ Gas   = 33,73 Pfd.
     Coke   = 76,16   „
     Theer und Wasser   = 22,40   „
     Reinigung u. Verlust = 17,71   „

                     150,00 Pfd.

1½ Lagen *Laming*'sche Masse schmutzig.

29. Böhmische Gaskohle, geliefert von *Klauber & Sohn*.
Ladung 150 Zollpfd. = 4 c′ engl.

	Stand der Gasuhr	Production	Temperatur nach Celsius	Production bei 10° Cels.
7 Uhr — Mt.	4956		12 °	
7 „ 15 „	5010	54 c′	12 „	
7 „ 30 „	5060	50 „	12 „	222 c′
7 „ 45 „	5120	60 „	12 „	
8 „ — „	5180	60 „	12 „	
8 „ 15 „	5230	50 „	13 „	
8 „ 30 „	5280	50 „	14 „	188 „
8 „ 45 „	5330	50 „	14 „	
9 „ — „	5370	40 „	14 „	
9 „ 15 „	5410	40 „	14 „	
9 „ 30 „	5460	50 „	14 „	163 „
9 „ 45 „	5500	40 „	14 „	
10 „ — „	5535	35 „	14 „	
10 „ 15 „	5565	30 „	14 „	
10 „ 30 „	5595	30 „	14 „	106 „
10 „ 45 „	5625	30 „	14 „	
11 „ — „	5642	17 „	14 „	
11 „ 15 „	5650	8 „	14 „	8 „
		694 c′		687 c′

Kohlensäure = 0

Spec. Gewicht $= \left(\dfrac{190}{237}\right)^{2} = 0{,}64.$

5,5 c′ ergaben am Photometer $3\frac{1}{2}$ Kerzen
2,0 c′ zeigten am *Erdmann*'schen Prüfer 27°
2,0 c′ brauchten zur Entleuchtung 3,94 c′ Luft.
　　Cokeausbeute = 100,8 Pfd.
　　Theer und Wasser = 14,9 Pfd.
　Ausbeute nach Gewicht:

687 c′ Gas　　　　= 　30,72 Pfd.
Coke　　　　　= 100,8 „
Theer und Wasser = 　17,9 „
Reinigung u. Verlust = 　3,58 „
　　　　　　　　150,00 Pfd.
2 Lagen *Laming*'sche Masse schmutzig.

G. *Bayerische Kohlen.*

30. „Kohlen aus den *v. Swaine*'schen Gruben in Stockheim bei Kronach. –
11. August 1862.
Ladung 150 Zollpfd. = $3\frac{1}{2}$ c′ engl.

Uhrzeit	Stand der Gasuhr	Production	Temperatur nach Celsius	Production bei 10° Cels.
7 Uhr — Mt.	2760		11 °	
7 „ 15 „	2825	65 c'	11 „	
7 „ 30 „	2875	50 „	11 „	204 c'
7 „ 45 „	2925	50 „	11 „	
8 „ — „	2965	40 „	11 „	
8 „ 15 „	3010	45 „	12 „	
8 „ 30 „	3050	40 „	12 „	172 „
8 „ 45 „	3095	45 „	12 „	
9 „ — „	3140	45 „	12½ „	
9 „ 15 „	3175	35 „	12 „	
9 „ 30 „	3215	40 „	12 „	153 „
9 „ 45 „	3255	40 „	13 „	
10 „ — „	3295	40 „	13 „	
10 „ 15 „	3345	50 „	13 „	
10 „ 30 „	3390	45 „	13 „	183 c'
10 „ 45 „	3440	50 „	13 „	
11 „ — „	3480	40 „	13 „	
11 „ 15 „	3510	30 „	13 „	
11 „ 30 „	3530	15 „	13 „	64 „
11 „ 45 „	3545	10 „	13 „	
		785 c'		776 c'

Kohlensäure = 0

Spec. Gewicht $= \left(\frac{146}{236}\right)^r = 0{,}38$.

4,9 c' ergaben am Photometer 3 Kerzen
2,11 c' zeigten am *Erdmann*'schen Prüfer 26°
2,11 c' brauchten zur Entleuchtung 3,96 c' Luft.

Cokeausbeute 112 Pfd. = 5 c'
Theer und Wasser 10 Pfd.

Ausbeute nach Gewicht:

776 c' Gas	= 20,61	Pfd.
Coke	= 112	„
Theer und Wasser	= 10	„
Reinigung u. Verlust	= 7,39	„
	150,00	Pfd.

2 Lagen *Laming*'sche Masse schmutzig.

31. „Braunkohlen vom Flötz Antinlohe bei Ostin, Landgerichts Tegernsee in Oberbayern. — 18. Juli 1862.
Ladung 150 Pfd. = 3½ c' engl

		Stand der Gasuhr	Production	Temperatur nach Celsius	Production bei 10⁰ Cels.
7 Uhr — Mt.		1236		10 ⁰	
7 „ 15 „		1310	74 c′	12 „	
7 „ 30 „		1385	75 „.	17 „	297 c′
7 „ 45 „		1460	75 „	20 „	
8 „ — „		1545	85 „	32 „	
8 „ 15 „		1650	105 „	41 „	
8 „ 30 „		1760	110 „	43 „	353 „
8 „ 45 „.		1850	90 „	42 „	
9 „ — „		1940	90 „	40 „	
9 „ 15 „		2005	65 „	37 „	
9 „ 30 „		2045	40 „	33 „	132 „
9 „ 45 „		2070	25 „	26 „	
10 „ — „		2081	11 „	23 „	
			845 c′		782 c′

Kohlensäure = 1,75%

Spec. Gewicht des von CO_2 befreiten Gases $= \left(\frac{161}{222}\right)^2 = 0{,}52$.

Schwefelwasserstoff durch essigs. Bleioxyd deutlich angezeigt.

5,65 c′ ergaben am Photometer 6 Kerzen

1,81 c′ zeigten am *Erdmann*'schen Prüfer 26⁰

1,77 c′ brauchten zur Entleuchtung 3,84 c′ Luft.

Cokeausbeute 73 Pfd. = 2 c′

Theer und Wasser 22,4 Pfd.

Ausbeute nach Gewicht:

782 c′ Gas	= 29,52 Pfd.	
Coke	= 73	„
Theer und Wasser	= 22,4	„
Reinigung u. Verlust	= 25,08	„
	150,00 Pfd.	

Sämmtliches Reinigungsmaterial schmutzig.

H. *Englische Kohlen.*

32. „Old Pelton-Main.   15. Juli 1862.

		Stand der Gasuhr	Production	Temperatur nach Celsius	Production bei 10⁰ Cels.
7 Uhr — Mt.		7936		13 „	
7 „ 15 „		8020	84 c′	13 „	
7 „ 30 „		8080	60 „	13 „	246 c′
7 „ 45 „		8135	55 „	13 „	
8 „ — „		8185	50 „	14 „	

	Stand der Gasuhr	Production	Temperatur nach Celsius	Production bei 10° Cels
8 Uhr 15 Mt.	8240	55 ,,	14 °	
8 ,, 30 ,,	8285	45 ,,	14½ ,,	187 c′
8 ,, 45 ,,	8330	45 ,,	15 ,,	
9 ,, — ,,	8375	45 ,,	15 ,,	
9 ,, 15 ,,	8420	45 ,,	15 ,,	
9 ,, 30 ,,	8475	55 ,,	15 ,,	211 ,,
9 ,, 45 ,,	8530	55 ,,	15½ ,,	
10 ,, — ,,	8590	60 ,,	16 ,,	
10 ,, 15 ,,	8645	55 ,,	17 ,,	
10 ,, 30 ,,	8695	50 ,,	17 ,,	198 ,,
10 ,, 45 ,,	8745	50 ,,	17 ,,	
11 ,, — ,,	8792	47 ,,	18 ,,	
11 ,, 15 ,,	8835	43 ,,	18 ,,	
11 ,, 30 ,,	8860	25 ,,	18 ,,	88 ,,
11 ,, 45 ,,	8875	15 ,,	17 ,,	
12 ,, — ,,	8882	7 ,,	17 ,,	
		946 c′		930 c′

Kohlensäure = 0

$$\text{Spec. Gewicht} = \left(\frac{138}{222}\right)^2 = 0{,}39$$

5,5 c′ ergaben am Photometer 7½ Kerzen

1,89 c′ zeigten am *Erdmann*'schen Prüfer 29½″

1,85 c′ brauchten zur Entleuchtung 3,99 c′ Luft

     Cokeausbeute 104 Pfd. = 6 c′

     Theer und Wasser 14,5 Pfd.

Ausbeute nach Gewicht:

930 c′ Gas	=	23,4 Pfd.
Coke	=	104 ,,
Theer und Wasser	=	14,5 ,,
Reinigung und Verlust	=	8,1 ,,
		150,00 Pfd.

2 Lagen *Laming*'sche Masse schmutzig.

33. „Lesmahago Cannel." – 16. Juli 1862.

     Ladung: 150 Zoll-Pfd.

	Stand der Gasuhr	Production	Temperatur nach Celsius	Production bei 10° Cels.
7 Uhr — Mt.	8882		15 °	
7 ,, 15 ,,	8920	138 c′	15 ,,	
7 ,, 30 ,,	9120	100 ,,	16 ,,	431 c′
7 ,, 45 ,,	9220	100 ,,	17 ,,	
8 ,, — ,,	9322	102 ,,	18 ,,	

	Stand der Gasuhr	Production	Temperatur nach Celsius	Production bei 10° Cels.
8 Uhr 15 Mt.	9425	103 „	19 „	
8 „ 30 „	9520	95 „	19 „	
8 „ 45 „	9605	85 „	19 „	352 c'
9 „ — „	9685	80 „	19 „	
9 „ 15 „	9755	70 „	19 „	
9 „ 30 „	9820	65 „	18 „	
9 „ 45 „	9860	40 „	17 „	204 „
10 „ — „	9895	35 „	17 „	
10 „ 15 „	9915	20 „	16 „	
10 „ 30 „	9925	10 „	16 „	39 „
10 „ 45 „	9935	10 „	16 „	
		1053 c'		1026 c'

Kohlensäure $= 0$

Spec. Gewicht $= \left(\dfrac{164}{221}\right)^2 = 0{,}55$.

3 c' ergaben am Photometer 13½ Kerzen

1,05 c' zeigten am *Erdmann*'schen Prüfer 44°

1,1 c' brauchten zur Entleuchtung 3,876 c' Luft.

   Cokeausbeute 74 Pfd.

   Theer und Wasser 24,64 Pfd.

Ausbeute nach Gewicht:

1026 c' Gas	= 39,44 Pfd.	
Coke	= 74	„
Theer und Wasser	= 24,64	„
Reinigung u. Verlust	= 11,92	„
	150,00 Pfd.	

2 Lagen *Laming*'sche Masse schmutzig.

34. „Boghead." — 17. Juli 1862.

Ladung 150 Zollpfd.

	Stand der Gasuhr	Production	Temperatur nach Celsius	Production bei 10° Cels.
7 Uhr — Mt.	9935		11 °	
7 „ 15 „	10060	125 c'	11 „	
7 „ 30 „	10160	100 „	11 „	433 c'
7 „ 45 „	10260	100 „	11½ „	
8 „ — „	10370	110 „	12 „	
8 „ 15 „	10485	115 „	12 „	
8 „ 30 „	10600	115 „	12½ „	
8 „ 45 „	10705	105 „	13 „	431 „
9 „ — „	10805	100 „	13 „	

	Stand der Gasuhr	Production	Temperatur nach Celsius	Production bei 10° Cels.
9 Uhr 15 Mt.	10885	80 „	13 „	
9 „ 30 „	10940	55 „	13 „	
9 „ 45 „	10985	45 „	13 „	203 c′
10 „ — „	11010	25 „	13 „	
10 „ 15 „	11025	15 „	13 „	
10 „ 30 „	11040	15 „	13 „	30 „
		1105 c′		1097 c′

Kohlensäure = 0

Spec. Gewicht = 0,66

2.04 c′ ergaben am Photometer 14 Kerzen

0,69 c′ zeigten am *Erdmann*'schen Prüfer 60°

0,67 c′ brauchten zur Entleuchtung 3,346 c′ Luft.

Cokeausbeute 67 Pfd.

Theer und Wasser 25,76 Pfd.

Ausbeute nach Gewicht:

1097 c′ Gas   = 50,60 Pfd.

Coke   = 67   „

Theer und Wasser   = 25,76 „

Reinigung u. Verlust = 6,64 „

150,00 Pfd.

³/₄ Lage *Laming*'sche Masse schmutzig.

Zusammenstellung der Resultate und Folgerungen aus denselben.

Es ist bereits Eingangs hervorgehoben worden, dass die Resultate der vorstehenden Versuche weder in quantitativer noch in qualitativer Hinsicht den Verhältnissen der grossen Praxis gleich stehen, sondern dass die Gasaubeute grösser ist, wie man sie im praktischen Betriebe erreicht, während die Leuchtkraft gegen jene zurücksteht. Die nachfolgende Tabelle enthält zunächst eine übersichtliche Zusammenstellung der Hauptergebnisse, aus denen sich die Relation zwischen Qualität und Quantität genauer ersehen lässt.

Tabelle I.

Bezeichnung der Kohlen	Grösse der Ladung Zoll-Pfd.	Gasausbeute totale c' engl.	Gasausbeute pro Ctr. c' engl.	Kohlensäuregehalt	Spec. Gewicht des Gases	Photometrische Leuchtkraft für c' engl. pro Stunde	Photometrische Leuchtkraft Kerzen	Photometrische Leuchtkraft für 1 c' engl. Gasconsum pro Stunde Grains Spermaceti	Coke-Ausbeute pro Ctr. Zoll-Pfd.
1. Zollverein Flötz 4	150	806	537	0	0,46	4,9	7	172	68
2. „ Flötz 6	150	868	578	0	0,40	4,8	6,25	156	69
3. „ Flötz 11	150	870	580	0	0,41	4,8	5	125	71
4. Hibernia Flötz 4	150	911	607	0	0,42	5,5	7,5	164	66,5
5. „ Flötz 6	150	920	613	0	0,42	5	9	216	71
6. Vereinigte Hannibal Flötz 2	150	868	578	0	0,45	4,4	6,5	178	67
7. „ „ Flötz 3	150	855	570	0	0,44	5,1	7	165	66,5
8. „ „ Flötz 5	150	867	578	0	0,42	5,9	11	224	67
9 Holland	150	823	549	0	0,47	5,1	6,5	153	72
10 Heinitz	150	860	573	0	0,415	5,15	9	210	66
11 St. Ingbert	150	923	615	0	0,415	4,9	10,5	256	68,7
12. Altenwald	150	901	600	0	0,40	5,55	10	216	66,7
13. Duttweil, Mellinschacht	150	837	558	0	0,405	5,26	10	228	69
14. „ Kalleyschacht	150	914	609	0	0,40	5,56	11	237	68,7
15. Dechen	150	782	522	0	0,40	5,42	9,5	212	67
16. Frisch Glück, Oberhohndorf	150	809	539	0	0,45	4,775	10,5	264	56
„ „ „	150	790	527	0	0,44	4,9	9,5	233	57
„ „ „	150	801	521	0	0,48	4,44	11,0	300	52
17. Oberh. Schader Verein, August. Schacht	150	802	535	0	0,43	5,40	8,5	190	56
„ „ „ „	150	785	523	0	0,45	4,82	10	248	56
18. Zwick. Bürgergewerksch. Hilfe Gottes Schacht	150	746	501	0	0,43	4,32	9,5	264	57
19. „ „ Bürgerschacht	150	788	533	0	0,45	4,72	10,0	254	56
20. Kästners Schacht, Oberhohnd.	150	786	524	0	0,47	4,70	9,5	242	57
21. Wrangelschacht, Glückhilfgrube	150	887	591	0	0,44	6,8	7,25	128	70
„ „	150	866	577	0	0,43	5,5	5,5	120	71
22. Bradeschacht (Fuchsstollen)	150	851	567	0	0,43	5,8	7,25	150	65
„ „	150	869	579	0	0,43	5,16	7,0	163	65
23. Windbergsch., Potschappel	150	763	509	0	0,426	5,30	8,5	192	64
24. Oppeltschacht, Zaukeroda	150	825	530	0	0,44	5,95	7,5	151	63,33
25. Mantauer Oberflötz Nr. 1	168	956	569	0	0,43	4,5	5	133	63
26. „ „ Nr. 2	168	859	512	0	0,43	4,5	8	213	63
27. Schwarzkohlen, Dr. Paukrazzeche	150	684	456	0	0,46	5,2	5	115	65
28. Plattenkohlen	150	928	619	0	0,52	4,0	18	540	51
29. Kohlen von Klauber & Sohn	150	687	458	0	0,64	5,5	3,5	76	67
30. v. Swaine in Stockheim	150	776	517	0	0,38	4,9	3	73.5	75
31. Antinlohe, Tegernsee (Braunkohlen)	150	782	521	1,75	0,52	5,65	6	127	49
32. Old Pelton Main	150	930	620	0	0,39	5,5	7,5	164	69
33. Lesmahago Cannel	150	1026	684	0	0,55	3	13,5	540	49
34. Boghead	150	1097	731	0	0,66	2,04	14	824	45

(Randbezeichnungen der Gruppen: Westphalen, Saarbrücken, Zwickau, Schlesien, Sachsen Plauenscher Grund, Böhmen Pilsener Becken, Bayern, Gross-britanien.)

Die westphälischen Kohlen schwanken nach diesen Versuchen in ihrem Gasergebniss zwischen 537 und 613 c' pro Centner und in ihrer Leuchtkraft zwischen 125 und 224 Grains Spermaceti pro c'. Das Gas-Ergebniss der Zollvereinskohle (etwa mit Ausschluss des vierten Flötzes) entspricht ziemlich nahe demjenigen der Hannibalkohle, Holland dagegen zeigt sich etwas geringer. Obenan steht Hibernia, Flötz 4 zeigt 607 und

7*

Flötz 6 sogar 613 c′ Gas pro Centner. In der Leuchtkraft zeigen sich
Zollverein, Flötz 4 und 6, Hibernia Flötz 4, Hannibal Flötz 2 und 3 und
etwa auch Holland ziemlich gleich, Hibernia Flötz 6 und Hannibal Flötz 5
stehen höher, Zollverein Flötz 11 dagegen am niedrigsten. Im Grossen
und Ganzen ergibt sich als Durchschnittsresultat aus den Versuchen für
die westphälischen Kohlen eine Gasausbeute von 577 c′ Gas pro Ctr. und
eine Leuchtkraft von 173 Grains Spermaceti pro c′. Im grossen Betriebe
darf man, um einen annähernden Vergleich zu haben, das Ergebniss derselben Kohle durchschnittlich wohl zu 500 c′ Gas pro Ctr. mit einer Leuchtkraft (im offenen Brenner) von 288 Grains Spermaceti pro c′ annehmen;
somit ergäben die Versuche durchschnittlich die Gasausbeute um 15% höher,
die Leuchtkraft aber um 40% niedriger, als die grosse Praxis.

Betrachtet man die übrigen Kohlensorten in ähnlicher Weise, so ergibt
sich zunächst für die Saarbrücker eine Schwankung in der Gasausbeute
von 522 bis 615 c′ pro Ctr. und in der Leuchtkraft von 210 bis 256 Grains
Spermaceti pro c′. Die Schwankung in der Leuchtkraft ist weit weniger
bedeutend, als bei den westphälischen Kohlen. In der Gasausbeute steht
nur die Dechenkohle bedeutend zurück, alle übrigen sind nicht sehr beträchtlich von einander verschieden, indem ihre Schwankung sich nur
zwischen 558 und 615 bewegt. Das Mittel aus allen sechs angestellten Versuchen ergibt ein durchschnittliches Gaserträgniss von 580 c′ pr. Ctr. und
eine durchschnittliche Leuchtkraft von 227 Grains Spermaceti pr. c′. In
der grossen Praxis rechnet man das Gaserträgniss der Saarbrücker Kohlen
etwas niedriger, als dasjenige der westphälischen, die Heinitzkohle gibt
dort etwa 480 c′ pr. Ctr. In Anbetracht jedoch, dass den Versuchen gemäss
die St. Ingbert sowohl, als die Altenwalder und die Duttweiler Kohle
(Kalleyschacht) höher steht als die Heinitz, möge hier, wo es sich ohnehin
nicht um absolute Zahlen, sondern nur um ganz allgemeine Verhältnisse
handelt, 490 c′ als Norm angenommen, und die Leuchtkraft, wie bei den
westphälischen Kohlen, wieder zu 288 Grains Spermaceti per c′ gerechnet
werden. Alsdann ergeben die Versuche bei diesen Kohlensorten durchschnittlich eine um 18% höhere Gasausbeute, und eine um 21% geringere
Leuchtkraft, als die grosse Praxis.

Bei den Zwickauer Kohlen ist die Schwankung in der Gasausbeute
verhältnissmässig gering, sie bewegt sich zwischen 501 und 539 c′ pr. Ctr.;
die Leuchtkraft dagegen zeigt sich wesentlich verschieden, ihre unterste
Grenze wird durch 190, ihre oberste durch 300 Grains Spermaceti pro c′
bezeichnet. Im Mittel ergibt sich 525 c′ Gas per Ctr., und 249 Grains
Spermaceti Leuchtkraft pro c′. Im grossen Betriebe darf man das durchschnittliche Ergebniss zu 445 c′ Gas mit einer Leuchtkraft von gleichfalls
288 Grains Spermaceti pro c′ annehmen, die Versuche zeigen also bei 18%
Mehrausbeute eine Erniedrigung der Leuchtkraft von nur 14%.

Der Durchschnitt der beiden zur Untersuchung gezogenen niederschlesischen Kohlensorten ergibt 578 c′ Gas mit 140 Grains Spermaceti

Leuchtkraft pro c′. Leider sind mir diese Kohlen nicht aus der betriebs-
mässigen Erfahrung bekannt; nach den Mittheilungen, die mir gemacht
worden sind, glaube ich ihnen nicht zu nahe zu treten, wenn ich annehme,
dass man durchschnittlich etwa 460 c′ Gas per Ctr. und eine Leuchtkraft
von 240 Grains Spermaceti per c′ erhält. Das ergäbe also für die Versuche
eine Mehrausbeute von 20% an Gas und eine Verminderung der Leuchtkraft um 42%.

Die Kohlen aus dem Plauen'schen Grunde zeigen ein durchschnittliches
Gasergebniss von 519 c′ pro Ctr. und eine Leuchtkraft von 171 Grains
Spermaceti pro c′. Ueber die Resultate, die man im grossen Betriebe
damit erhält, habe ich nichts erfahren.

Von den zur Untersuchung gezogenen böhmischen Kohlen aus dem
Pilsener Becken muss eine Sorte ausgeschieden werden, die sich von den
übrigen wesentlich unterscheidet, die Cannelkohle oder Plattenkohle aus
der Dr. Pankrazzeche. Die übrigen Sorten schwanken in dem Gasergebniss
zwischen 456 und 569 c′ pro Ctr. und in der Leuchtkraft zwischen 76 und
213 Grains Spermaceti pro c′. Im Durchschnitt zeigen die Versuche eine
Gasausbeute von 499 c′ pr. Ctr. und eine Leuchtkraft von 134 Grains Spermaceti pr. c′, während man in der Praxis auf etwa 400 c′ Gaserträgniss
und auf eine Leuchtkraft von 192 Grains Spermaceti rechnen kann. Das
Gaserträgniss ist also in den Versuchen um 25% höher, die Leuchtkraft
um 30% niedriger, als in der Praxis.

Die Stockheimer Kohle hat in den Versuchen pr. Ctr. 517 c′ Gas von
73,5 Grains Spermaceti Leuchtkraft pro c′ gegeben, während man im
grossen Betriebe etwa 400 c′ Gas von 192 Grains Spermaceti Leuchtkraft
erhält. Hier ist also die Gasausbeute der Versuche um 29% höher, die
Leuchtkraft um 62% geringer, als im praktischen Betriebe.

Die Old Pelton Main Kohle zeigt in den Versuchen 620 c′ Gas pr. Ctr.
von 164 Grains Sparmaceti Leuchtkraft pro c′, während sie im Betriebe
500 c′ Gas von etwa 264 Grains Spermaceti Leuchtkraft pro c′ gibt. Hier
ist also die Gasausbeute der Versuche um 24% höher, die Leuchtkraft um
38% geringer, als in der Praxis.

Stellt man die vorstehenden Ergebnisse übersichtlich zusammen, so zeigen
die Versuche gegenüber den Resultaten der grossen Praxis im Durchschnitt

	eine höhere Gasausbeute von	eine geringere Leuchtkraft von
bei den Zwickauer Kohlen	18 %	14 %
„ „ Saarbrücker Kohlen	18 „	21 „
„ „ böhmischen Kohlen	25 „	30 „
„ „ Old Pelton Main Kohlen	24 „	38 „
„ „ westphälischen Kohlen	15 „	40 „
„ „ niederschlesischen Kohlen	20 „	42 „
„ „ Stockheimer Kohlen	29 „	62 „

Aus dieser Zusammenstellung ergibt sich, dass die bis zur gänzlichen
Entgasung fortgesetzte Destillation bei verschiedenen Kohlensorten auf die
Leuchtkraft des Gases wesentlich verschieden wirkt.

Bei einigen Kohlensorten muss man in Rücksicht auf den Punkt, bis zu welchem man die Entgasung treiben darf, weit vorsichtiger zu Werke gehen, als dies bei anderen nöthig ist, wenn man ein qualitativ brauchbares Gas erzeugen will.

Die unempfindlichsten Kohlen sind offenbar die Zwickauer. Ihr Gas verliert bei der vollständigen Abtreibung der Kohlen nur 14% an Leuchtkraft, während dasjenige der westphälischen, der niederschlesischen und der Newcastle-Kohlen das 2½ bis 3fache verliert. Die Saarbrücker Kohle steht der Zwickauer am nächsten, die Stockheimer Kohle dagegen zeigt die ungünstigsten Verhältnisse.

Die Cannelkohlen können das vollständige Abtreiben am besten vertragen, die Resultate der Versuche weichen von denjenigen des grossen Betriebes wenig oder gar nicht ab.

In einem Aufsatze „über Anwendung von Exhaustoren“, Journal für Gasbeleuchtung, Jahrg. 1860 S. 277, wundert sich Herr *Kornhardt* darüber, dass er bei mir in München mit Zwickauer Kohlen beschickte Retorten habe entleeren sehen, welche, wie er sich ausdrückt, auch nicht die geringste Spur noch leuchtender Gase mehr enthielten, und dass trotz der soweit getriebenen Destillation, das hiesige Gas von etwas besserer Qualität gewesen sei, als das Stettiner, welches aus Newcastle-Kohlen dargestellt werde. Das ist beispielsweise eine von den Erscheinungen, welche durch die obigen Thatsachen aufgeklärt wird. Die Zwickauer Kohlen können die vollständige Entgasung weit besser vertragen, als die Newcastler; würde man diese letzteren vollständig abtreiben, so würde man ein Gas erhalten, was gar nicht mehr zu gebrauchen wäre.

Es liegt die Frage nahe, was denn wohl eigentlich der Grund dieser Erscheinung sein mag. Im Grossen und Ganzen zeigt sich, dass diejenigen Kohlen, bei denen die Leuchtkraft des Gases am meisten verliert, zugleich die backendsten Kohlen sind, während die Zwickauer und auch die Saarbrücker keine eigentlichen Backkohlen sind, und die Cannelkohlen am allerwenigsten zu dieser Kategorie gehören. Ob aber das Backen der Kohle und die in Rede stehende Eigenschaft in causalem Zusammenhange zu einander stehen? Unsere Kenntnisse über das Backen der Kohlen sind noch sehr mangelhaft; die Elementaranalyse gibt keinen Aufschluss, sondern wir vermuthen, dass die Ursache in der Beschaffenheit der aus den Elementarbestandtheilen zusammengesetzten, die Kohlenmasse bildenden Körper liegt, insoferne sich die aus denselben bei der Destillation entstehenden theerartigen Produkte in flüchtige Theile und festen Kohlenrückstand zersetzen, und der letztere gewissermassen den Kitt bildet, welcher die unzusammenhängenden Bestandtheile der Coke verbindet. Es scheint die Beschaffenheit und der Gehalt der organischen Verbindungen, welche als unbestimmtes Gemenge die Steinkohle bilden, und welche sich bei der Destillation verschieden verhalten, der Grund der fraglichen Erscheinung zu sein; die Natur der verschiedenen Verbindungen ist uns aber bis jetzt unbekannt.

Es befinden sich unter den Versuchen mehrere, die sich auf eine und dieselbe Kohlensorte beziehen. Nach Versuch 16 wurden mit der Frisch-Glück-Kohle von Oberhohndorf (Zwickau) erzielt:

1) 539 c' Gas pro Ctr. mit 264 Grains Sperm. Leuchtkraft pro c'
2) 527 c' „ „ „ „ 233 „ „ „ „ „
3) 521 c' „ „ „ „ 300 „ „ „ „ „

Nehme ich noch weitere Vorversuche, die in der Tabelle nicht mit aufgeführt sind, hinzu, so erhielt ich mit derselben Kohle

4) 559 c' Gas pro Ctr. mit 240 Grains Sperm. Leuchtkraft pro c'
5) 545 c' „ „ „ „ 260 „ „ „ „ „
6) 529 c' „ „ „ „ 280 „ „ „ „ „
7) 524 c' „ „ „ „ 284 „ „ „ „ „

im Mittel der sieben Versuche also

535 c' Gas pro Ctr. mit 266 Grains Sperm. Leuchtkraft pro c'.

Demnach fand eine Schwankung statt bis zu 24 c' aufwärts und
„ „ 14 c' abwärts im Gaserträgniss,
sowie „ „ 34 Grains Sperm. aufwärts und
„ „ 33 „ „ abwärts in der Leuchtkraft.

Es ist bereits früher erwähnt, dass ich die Temperatur der Retorten bei allen Versuchen so gleichmässig gehalten habe, als mir dies möglich war. Um jedoch zu erfahren, wie weit die trotz aller Vorsicht unvermeidliche Schwankung in der Temperatur Schuld sein mochte an der Verschiedenheit der Destillationsresultate, stellte ich einige Versuche mit verschieden heissen Retorten an, indem ich die Temperatur sowohl abwärts wie aufwärts über die Grenzen hinüber gehen liess, wie sie im Laufe der eigentlichen Versuche vorkamen. Ich habe gefunden, dass bei der Zwickauer Frisch-Glück-Kohle innerhalb meiner Versuche die angewandte verschiedene Temperatur nur auf die Dauer der Destillation einen entschiedenen Einfluss hatte, dass aber in dem Ergebniss sowohl quantitativ wie qualitativ sich kein solcher Einfluss erkennen liess. Ob das bei anderen Kohlen oder bei anderen Verhältnissen ebenso ist, will ich nicht gesagt haben; hei meinen Versuchen war es so. Ich habe bei heissen Retorten nicht mehr Gas und kein schlechteres Gas erhalten, als bei geringerer Hitze, aber die Kohlen waren allerdings in kürzerer Zeit abgetrieben. Die Schwankungen waren ganz unregelmässig, und entsprechen denjenigen, welche die obigen Versuche zeigen. Im grossen Betriebe, wo man die Kohlen nicht vollständig entgast, sondern die Destillation nach einer gewissen Zeitdauer abbricht, erhält man freilich in der gleichen Zeit bei heissen Retorten mehr Gas, als bei weniger heissen Retorten, weil im ersten Fall ein grösserer Theil des Gases aus der letzen Destillationsperiode mit übergeht, während dieses Gas im letzten Falle in der Coke zurückbleibt, und gar nicht mehr zur Entwickelung gelangt. Hiemit stimmt die bekannte Erfahrung, dass man, wenn man die Ladungen vergrössert und die Chargirungszeit abkürzt, mit der jetzt üblichen hohen Retortentemperatur ein ebenso gutes Gas erzeugt, als früher mit den weniger heissen Retorten. Die oben angeführten

Schwankungen derjenigen Versuche, welche mit einer und derselben Kohle ausgeführt worden sind, scheinen ihren Grund nicht in den Verhältnissen der Versuche, sondern wiederum in der Beschaffenheit der Kohlen gehabt zu haben. Man sieht, mit welcher Vorsicht man die Zahlenresultate aufzufassen hat, dass man nur ganz allgemeine Schlüsse aus denselben ziehen darf, und wie bedenklich es ist, von den Eigenschaften verschiedener Kohlen-

Tabelle II.   Fortgang der

ausgedrückt in Prozenten der Gesammtausbeute bei einer Ladung von 150 Zoll-Pfd.

Bezeichnung der Kohlen	Viertelstunde				Viertelstunde			
	1	2	3	4	5	6	7	8
1. Zollverein, Flötz 4	10,42	10,42	6,82	6,82	6,82	6,08	6,08	6,08
2. „ Flötz 6	9,33	9,56	6,11	4,95	6,11	4,95	5,07	4,49
3. „ Flötz 11	8,96	7,82	6,78	6,78	7,24	5,52	4,94	5,06
4. Hibernia, Flötz 4	9,66	9,66	7,13	7,03	6,48	5,38	5,38	6,48
5. „ Flötz 6	8,04	7,50	7,50	7,50	7,50	6,96	7,50	6,95
6. Vereinigte Hannibal, Flötz 2	5,07	7,95	6,80	6,80	6,80	6,80	7,83	7,38
7. „ „ Flötz 3	6,90	6,90	6,90	6,90	6,90	6,90	6,90	6,90
8. „ „ Flötz 5	8,07	6,92	6,23	6,80	8,76	6,81	6,81	6.81
9. Holland	8,87	8,38	8,26	8,26	5,95	7,17	7,17	5,95
10. Heinitz	9,07	9,53	8,91	9,07	8,14	7,79	7,21	6,28
11. St. Ingbert	9,42	8,56	7,58	6,61	6,72	6,28	5,85	5,85
12. Altenwald	8,33	8,89	8,00	7,44	7,67	6,56	6,00	6,11
13. Duttweil, Mellinschacht	7,53	6,93	8,24	8,36	7,05	7,05	7,05	6,57
14. „ Kalleyschacht	9,63	8,75	7,99	8,21	8,31	8,75	8,21	8,09
15. Dechen	10,48	10,61	10,10	8,82	8,18	6,91	5,63	6,25
16. Frisch Glück, Oberhohndorf	8,78	8,65	10,63	10,01	10,63	10,38	10,13	9,39
„ „ „	8,00	6,75	8,00	6,12	7,25	8,50	6,75	8,00
„ „ „	7,59	6,58	6,58	6,84	7,21	7,34	7,21	6,96
17. Oberh. Schader Verein, Augustusschacht	9,12	9,13	9,87	9,50	9,50	9,75	9,63	9,13
„ „ „ „	6,50	5,99	6,50	6,88	7,13	7,39	8,03	7,39
18. Zwick. Bürgergewerksch. Hilfe Gottes-Schacht	8,98	8,31	8,85	8,71	9,11	9,12	9,11	9,25
19. „ „ „	8,63	7,36	7,49	7,48	7,36	7,99	7,99	8,00
20. Kästners Schacht, Oberhohndorf	7,89	8,52	8,78	10,51	10,69	10,69	10,69	9,29
21. Wrangelschacht, Glückhilfgrube	11,61	8,79	7,78	8,91	7,67	8,79	7,10	6,65
	11,09	8,54	8,08	8,08	8,54	6,81	6,81	6,35
22. Bradeschacht, Fuchsstollen	9,87	8,93	7,29	8,81	7,87	8,11	7,76	6,93
	9,89	9,08	8,46	7,47	7,93	7,24	6,78	6,00
23. Windbergschacht, Potschappel	8,26	9,04	9,70	7,73	8,39	7,73	7,73	6,42
24. Oppeltschacht, Zaukeroda	11,39	10,18	9,57	8,36	9,57	8,36	8,36	6,30
25. Mantauer Oberflötz Nr. 1								
26. „ „ Nr. 2								
27. Schwarzkohle, St. Pankrazzeche	7,89	6,58	7,16	7,89	8,48	8,48	9,36	9,36
28. Plattenkohle,	9,70	8,51	8,51	8,51	9,48	8,51	8,51	7,43
29. Kohlen von Klauber & Sohn								
30. v. Swaine in Stockheim	8,25	6,44	6,44	5,15	5,67	5,15	5,67	5,67
31. Antiulohe, Tegernsee, Braunkohlen								
32. Old Pelton Main	8,92	6,34	5,81	5,38	5,90	4,73	4,73	4,73
33. Lesmahago Cannel	13,15	9,55	9,55	9,75	9,74	8,97	7,99	7,60
34. Boghead	11,30	9,12	9,11	9,94	10,40	10,40	9,48	9,03

Westphalen   Saarbrücken   Zwickau   Schlesien   Sachsen Plauenscher Grund   Böhmen Pilsener Becken   Bayern   Gross-britannien sorten überhaupt in anderen als näherungsweisen Beziehungen zu reden, da selbst die scheinbar gleichen Kohlen ein so verschiedenes Verhalten zeigen, und wir über den Grund der Verschiedenheit, über die Natur der Kohlen, uns keine Rechenschaft zu geben im Stande sind.

Die folgende Tabelle bezieht sich auf den Verlauf der Destillation in quantitativer Beziehung während der einzelnen Zeiträume der Vergasung.

Destillation

in einer Thonretorte von ⌂ Form, 19 × 16 Zoll im Querschnitt und 8 Fuss lang.

Viertelstunde				Viertelstunde				Viertelstunde				Stunde				
9	10	11	12	13	14	15	16	17	18	19	20	1	2	3	4	5
6,08	5,58	5,58	5,58	5,46	3,60	2,85	2,61	1,86	1,26	—	—	31,48	25,06	22,82	14,52	3,12
4,38	4,38	5,07	5,07	5,53	4,38	4,49	4,49	3,34	3,34	3,34	1,62	29,95	20,62	18,90	18,89	11,64
4,94	4,48	5,63	5,52	4,94	3,90	4,48	3,33	3,33	3,33	2,30	0,72	30,34	22,76	20,57	16,65	9,68
5,38	4,39	5,38	4,94	4,94	4,39	3,73	3,73	2,19	2 19	1,54	—	33,48	23,72	20,09	16,79	5,92
6,41	6 41	5,33	4,24	4,24	3,26	3,26	2,60	2,60	1,63	0,57	—	30,54	28,91	22,39	13,36	4,80
7,37	7,38	6,80	6,11	5,71	4,49	3,34	1,73	1,64	-	—	—	26,62	28,81	27,66	15,27	1,64
',07	5,73	5,73	5,73	5,73	4,56	3,39	2,92	1,75	1,19	—	—	27,60	27,60	25,26	16,60	2,94
5,64	6,81	5,77	5,77	5,64	5,07	4,04	2,31	1,74	—	—	—	28,02	29,19	23,99	17,06	1,74
7,15	5,95	5,22	4,74	4,13	4,13	4,13	2,43	2,09	-	—	—	33,77	26,24	23,08	14,82	2,09
5,46	4,89	4,89	5,00	4,53	3,61	3,14	1,39	1,09	—	—	—	36,58	29,42	20,24	12,67	1,09
5,63	5,52	5.09	4,87	4,44	4,12	4,01	3,25	2,71	2,27	1,32	—	32.17	24,70	21,11	15,82	6,20
6,33	6,22	5,56	5.55	5,22	4,00	3,11	2 44	1,56	1,01	—	—	32,66	26,34	23,66	14,77	2,57
6,21	6.09	5,85	5,50	4,66	3,11	2,39	2,39	2,39	2,03	0,60	—	31,06	27,72	23,65	12,55	5,02
8,31	8,86	6,13	4,27	2,63	1,42	0,44	—	—	—	—	—	34,58	33,36	27,57	4,49	—
5,63	4 99	4,99	3,71	3,84	3,84	2,17	2,30	1,55	—	—	—	40,01	26,97	19,32	12,15	1,55
8,28	6,18	3,71	1.98	1,25	—	—	—	—	—	—	—	38,07	40,53	20,15	1,25	—
6,75	7,88	6,00	6,00	6,12	4,25	2,38	1,25	—	—	—	—	28,87	30,50	26,63	14,00	—
7,21	6,84	6,45	6.58	5,95	5,69	3,67	1,30	—	—	—	—	27,59	28,72	27,08	16,61	—
8,37	8,00	4,50	2,25	1,25	—	—	—	—	—	—	—	37,62	38,01	23,12	1,25	—
7,51	7,01	6,37	6,24	4,97	4,59	3,44	2,80	1,26	—	—	—	25,87	29,94	27,13	15,80	1,26
7,64	6,17	6,03	4,02	2,68	1,34	0,68	—	—	—	—	—	34,85	36,59	23,86	4,70	—
7,11	6,22	5,58	4,70	4,70	3,68	2,54	2,28	0,89	—	—	—	30,96	31,34	23,61	13,20	0,89
8,14	6,11	4,45	1,91	1,14	0,89	0,30	—	—	—	—	—	35,70	41,36	20,61	2,33	—
7,22	4,96	4,40	4,39	3.27	3,27	2,25	1,69	1,25	—	—	—	37,09	30,21	20,97	10,48	1,25
6,81	5,66	5,66	4,62	3,93	2,89	2,31	1,73	2,09	—	—	—	35,79	28,51	22,75	10,86	2,09
7,52	5,76	6,35	4,58	4,00	2,94	2,11	1,17	—	—	—	—	34,90	30,67	24,21	10,22	—
5,86	5,63	5,63	5,01	5,01	3,90	3,45	2,07	0,59	—	—	—	34,90	27,95	22,13	14,43	0,59
9,04	5,23	5,23	5,11	4,46	2 61	1,97	1,35	—	—	—	—	34,73	30,27	24,61	10,39	—
7,15	5,94	4,73	4,12	2,91	1,82	1,24	—	—	—	—	—	39,50	32,59	21,94	5,97	—
7,75	7,74	7,16	4,97	4,24	1,46	1,48	—	—	—	—	—	29,52	35,68	27,62	7,18	—
6,36	6,36	5,28	5,28	4,20	2,05	1,31	—	—	—	—	—	35,23	33,93	23,28	7,56	
4,51	5,15	5,16	5,15	6,31	5,67	6,31	5,02	3,87	4,41	—	—	26,28	22,16	19,97	23,31	8,28
4,73	5,81	5,80	6,34	5,81	5,21	5,21	4,95	4,50	2,58	1,61	0,91	26,45	20,09	22,68	21,18	9,60
6,63	6,14	3,80	3,31	1,85	0,99	0,98	—	—	—	—	—	42,00	34,30	19,88	3,82	—
7,20	4,92	4,10	2,28	1,36	1,36	—	—	—	—	—	—	39,47	39,31	18,50	2,72	—

8

Im Allgemeinen zeigt sich, dass die backenden Kohlen etwas langsamer abdestilliren, als die nicht backenden. Die Old Pelton Main Kohle z. B. war erst in 5 Stunden völlig abgetrieben, und es ergaben sich

in der ersten Stunde 26,45 %
„ „   zweiten   „   20,09 „
„ „   dritten   „   22,68 „
„ „   vierten   „   21,18 „
„ „   fünften   „   9,60 „ der ganzen Ausbeute.

Die vier ersten Stunden sind also in ihrem quantitativen Ergebniss nicht wesentlich von einander verschieden. Aehnlich wie diese Kohlen verhielten sich in meinen Versuchen nur noch die stark backenden bayerischen Russkohlen von Stockheim; ich erhielt bei diesen

in der ersten Stunde 26,28 %
„ „   zweiten   „   22,16 „
„ „   dritten   „   19,97 „
„ „   vierten   „   23,31 „
„ „   fünften   „   8,28 „ der ganzen Ausbeute.

Die westphälischen Kohlen dagegen ergaben in der ersten Hälfte der Destillationszeit schon eine höhere, in der letzten eine geringere Ausbeute. Als den vorigen Sorten am nächsten stehend ergab eine Sorte Zollverein

in der ersten Stunde 29,95 %
„ „   zweiten   „   20,62 „
„ „   dritten   „   18,90 „
„ „   vierten   „   18,89 „
„ „   fünften   „   11,64 „

Eine andere Sorte dagegen ergab:

in der ersten Stunde 34,48 %
„ „   zweiten   „   25,06 „
„ „   dritten   „   22,82 „
„ „   vierten   „   14,52 „
„ „   fünften   „   3,12 „

Zwischen diesen rangiren die übrigen zur Untersuchung gezogenen Sorten. Den westphälischen Kohlen zunächst stehen die niederschlesischen Kohlen. Ihr Ergebniss in der fünften Stunde war schon sehr gering; ich erhielt

in der ersten Stunde 35 bis 37 %
„ „   zweiten   „   28 „ 30 „
„ „   dritten   „   21 „ 24 „
„ „   vierten   „   10 „ 14 „
„ „   fünften   „   0 „ 2 „

Diesen zunächst stehen die Saarbrücker Kohlen, obgleich diese wieder unter sich eine wesentliche Verschiedenheit zeigen. Die St. Ingbert-Kohle ergab

in der ersten Stunde 32,17 %
,, ,, zweiten ,, 24,70 ,,
,, ,, dritten ,, 21,11 ,,
,, ,, vierten ,, 15,82 ,,
,, ,, fünften ,, 6,20 ,, ihrer Ausbeute.

Die Dechenkohle dagegen ergab
in der ersten Stunde 40,01 %
,, ,, zweiten ,, 26,97 ,,
,, ,, dritten ,, 19,32 ,,
,, ,, vierten ,, 12,15 ,,
,, ,, fünften ,, 1,55 ,,

Die Zwickauer Kohlen destillirten fast alle schon in vier Stunden vollständig ab, obgleich auch hier wesentliche Abweichungen unter den einzelnen Sorten erscheinen. Eine Kohle aus dem Oberhohndorf-Schader Augustusschacht ergab
in der ersten Stunde 25,87 %
,, ,, zweiten ,, 29,94 ,,
,, ,, dritten ,, 27,13 ,,
,, ,, vierten ,, 15,80 ,,
,, ,, fünften ,, 1,26 ,,

Eine andere dagegen aus der Grube „Frisch Glück" in Oberhohndorf
in der ersten Stunde 38,07 %
,, ,, zweiten ,, 40,53 ,,
,, ,, dritten ,, 20,15 ,,
,, ,, vierten ,, 1,25 ,,

Diese war also in 3 Stunden schon fast völlig abgetrieben. Bei den Zwickauer Kohlen ergab sich, dass sie sämmtlich in der zweiten Stunde eine grössere Gasausbeute lieferten, als in der ersten.

Aehnlich wie die Zwickauer Kohlen verhalten sich, was den Verlauf der Destillation betrifft, die Kohlen aus dem Plauen'schen Grunde und die Pilsener Kohlen.

Am schnellsten von allen Kohlen entgasen im Allgemeinen die Cannelkohlen. Die Pilsener Plattenkohle ergab
in der ersten Stunde 35,23 %
,, ,, zweiten ,, 33,93 ,,
,, ,, dritten ,, 23,28 ,,
,, ,, vierten ,, 7,56 ,,

Die Lesmahago ergab
in der ersten Stunde 42,00 %
,, ,, zweiten ,, 34,30 ,,
,, ,, dritten ,, 19,88 ,,
,, ,, vierten ,, 3,82 ,,

Die Boghead ergab

in der ersten Stunde 39,47 %

„ „ zweiten „ 39,31 „

„ „ dritten „ 18,50 „

„ „ vierten „ 2,72 „

Alle diese Zahlen sind selbstverständlich nur innerhalb der für die Versuche bestehenden Schranken gültig. Es ist schon betont worden, dass die angewandte Hitze wesentlich auf die Dauer, also auf den Verlauf der Destillation einwirkt. Bei stärkerer Hitze wird man eine raschere Vergasung erzielen, bei schwächerer Hitze eine langsamere, und die Zahlen für die einzelnen Stunden werden sich ändern. Unter gleichen Verhältnissen aber brauchen die Backkohlen längere Zeit zur Abtreibung, als die wenig oder gar nicht backenden Kohlen.

Ich habe bei den Zwickauer Kohlen auch Versuche darüber angestellt, in wie ferne sich der quantitative Gang der Destillation bei Ladungen von verschiedener Grösse ändert. Die Oberhohndorfer Frisch-Glück-Kohle ergab

			1. Stunde	2. Stunde	3. Stunde	4. Stunde
bei	145 Pfd.	Ladung	29,89%	38,82%	27,65%	3,58%
„	145 „	„	31,32 „	32,15 „	28,32 „	8,21 „
„	150 „	„	38,07 „	40,53 „	20,15 „	1,25 „
„	150 „	„	28,87 „	30,50 „	26,63 „	14,00 „
„	150 „	„	27,59 „	28,72 „	27,08 „	16,61 „
„	157 „	„	27,32 „	33,72 „	25,58 „	13,38 „
„	168 „	„	28,04 „	34,14 „	29,26 „	8,56 „
„	168 „	„	28,74 „	35,27 „	28,41 „	7,58 „
„	200 „	„	29,80 „	30,63 „	26,63 „	12,94 „

Hier ist keine grössere Verschiedenheit bemerkbar, als sie auch bei Ladungen von gleicher Grösse vorkommt. Es ist allerdings zu bemerken, dass, wenn auch die Temperatur der Versuchsretorte beim Eintragen immer dieselbe war, sich beim Ausziehen doch ein merklicher Unterschied zeigte, indem die stärkeren Ladungen sie bedeutend mehr abgekühlt hatten. Würde man unmittelbar nach dem Ausziehen einer Ladung von 2 Ctr. dasselbe Gewicht wieder eingetragen haben, so würde sich das zweite Mal in Folge der schwächeren Temperatur schon ein ganz anderes Resultat ergeben haben, als das erste Mal.

Die Praxis bestätigt, dass man auch im grossen Betriebe mit grossen Ladungen quantitativ wie qualitativ ganz die gleichen Resultate erreichen kann, wie mit kleinen Ladungen, sobald man nur im Stande ist, die Hitze in den Oefen der Grösse der Ladung entsprechend zu erhalten. Grosse Ladung absorbirt viel mehr Wärme, kühlt den Ofen viel mehr ab, als kleinere; es muss absolut viel mehr Wärme entwickelt und zugeführt werden, die Heizung muss viel intensiver sein, wenn die Vergasungstemperatur, diejenige Temperatur, in welcher sich die Masse der Kohlen bei der

Vergasung befindet, die gleiche bleiben soll. Es ist ausser der richtigen Construction unserer Oefen somit die Qualität unseres Heizungsmaterials, von dem die Grösse unserer Ladungen, und somit wesentlich auch das Resultat unseres Betriebes abhängt. Die Zwickauer Coke z. B. hat anderen gegenüber eine verhältnissmässig geringe Heizkraft, dadurch ist man selbst bei der besten Construction der Oefen gezwungen, die Ladungen verhältnissmässig schwach zu nehmen, und es wird keine Gasanstalt geben, welche mit Zwickauer Kohlen mehr als 5000 c' engl. oder wesentlich mehr, per Retorte in 24 Stunden erreicht, während man mit westphälischen und englischen Kohlen 6000, 7000 und gar ausnahmsweise 8000 c' fertig bringt. Die Höhe, bis zu welcher sich die Productionsfähigkeit eines Ofens steigern lässt, ist begrenzt durch die Widerstandsfähigkeit des Ofen- und Retorten-Materials; bei einer zu starken Hitze würde das Material zu schmelzen beginnen und einer sehr starken Abnutzung unterliegen, sonst könnte man durch Erzeugung einer noch grösseren Hitze und stärkeren Ladung unstreitig noch höhere Leistungen erreichen. Dort aber, wo den Anstalten kein gutes Heizmaterial zu Gebote steht, namentlich wo man mit Zwickauer oder gar mit böhmischer Coke heizen muss, wäre es von grosser Wichtigkeit, eine Vorrichtung zur Erreichung eines höheren Hitzegrades zu treffen und dürfte hiezu namentlich die Feuerung mit erhitzter Luft oder die Gasfeuerung ins Auge zu fassen sein.

Nachstehende Tabelle III enthält eine Zusammenstellung der auf die Leuchtkraft der verschiedenen Gassorten bezüglichen Untersuchungen:

Tabelle III.

Leuchtkraft.

Bezeichnung der Kohlen	Am Photometer ergaben		Am Erdmann'schen Prüfer ergaben		Es brauchten zur Entleuchtung		1 c' engl. Gas entspricht		braucht zur Entleucht.	Spec. Gewicht des Gases
	c' engl. Gas	Spermacetikerzen	c' engl. Gas	Grade	c' engl. Gas	c' engl. Luft	Grains Spermac.	Graden am Erdm. Prüf.	c' engl. Luft	
1. Zollverein, Flötz 4	4,9	7,0	1,81	30	1,71	3,94	172	16,6	2,30	0,46
2. „ Flötz 6	4,8	6,25	1,89	29,5	1,85	4,13	156	15,6	2,23	0,40
3. „ Flötz 11	4,8	5,0	1,92	28	1,92	3,98	125	14,6	2,07	0,41
4. Hibernia Flötz 4	5,5	7,5	1,80	28	1,81	3,88	164	15,5	2,14	0,42
5. „ Flötz 6	5,0	9,0	1,80	30	1,64	3,68	216	16,7	2,24	0,42
6. Ver. Hannibal, Flötz 2	4,4	6,5	1,82	29	1,73	3,67	178	15,9	2,12	0,45
7. „ Flötz 3	5,1	7,0	1,75	29	1,72	3,89	165	16,6	2,26	0,44
8. „ Flötz 5	5,9	11,0	1,81	31	1,65	3,83	224	17,1	2,32	0,42
9. Holland	5,1	6,5	1,85	29	1,79	3,89	153	15,7	2,17	0,47
10. Heinitz	5,15	9,0	1,82	28,5	1,81	4,00	210	15,7	2,20	0,415
11. St. Ingbert	4,9	10,5	1,75	29,5	1,78	4,02	256	16,9	2,26	0,415
12. Altenwald	5,55	10,0	1,79	28	1,79	3,81	216	15,6	2,10	0,40
13. Duttweil, Mellinsch.	5,26	10,0	1,78	28,5	1,75	3,86	228	15,8	2,20	0,405
14. „ Kalleysch.	5,56	11,0	1,80	29	1,75	4,13	237	16,1	2,36	0,40
15. Dechen	5,42	9,5	1,78	29	1,77	4,02	212	16,3	2,27	0,40
16. Frisch Glück, Oberh.	4,775	10,5	1,656	30,5	1,652	3,90	264	18,4	2,36	0,45
„ „ „	4,9	9,5	1,85	30	1,70	4,00	233	16,2	2,35	0,44
	4,44	11,0	1,56	31	1,51	3,81	300	19,9	2,52	0,48
17 O. Schader Aug.-Sch.	5,40	8,5	1,80	27	1,74	3,81	190	15,0	2,18	0,43
„ „ „	4,82	10,0	1,65	29,5	1,64	3,91	248	17,9	2,38	0,45
18. Zwick. Bürgergewerkschaft, Hilfe Gottesschacht	4,32	9,5	1,70	30	1,65	3,98	264	17,7	2,41	0,43
19. Zwick. Bürgerschacht	4,72	10,0	1,60	29,5	1,61	3,96	254	18,4	2,46	0,45
20. Kästners Sch. Oberh.	4,70	9,5	1,76	29	1,75	3,92	242	16,5	2,24	0,47
21. Wrangelschacht	6,8	7,25	1,94	27,5	1,91	3,875	128	14,2	2,03	0,44
„	5,5	5,5	2,01	27,5	1,98	3,96	120	13,7	2,00	0,43
22. Bradeschacht	5,8	7,25	1,89	29	1,85	3,876	150	15,3	2,09	0,43
„	5,16	7,0	1,92	29	1,82	3,94	163	16,3	2,16	0,43
23. Windbergschacht	5,30	8,5	1,85	28	1,81	3,89	192	15,1	2,15	0,426
24. Oppeltschacht	5,95	7,5	1,85	26,5	1,88	3,81	151	14,3	2,03	0,44
25. Mantauer Oberfl. Nr. 1										
26. „ „ „ 2										
27. Schwarzkohle, Pankraz-Z.	5,2	5,0	2,0	27	1,80	3,77	115	13,5	2,09	0,46
28. Plattenkohle „	4,0	18,0	1,02	41	1,08	3,85	540	40,2	3,56	0,52
29. Kohle v. *Klauber & S.*	5,5	3,5	2,0	27	2,0	3,94	76	13,5	1,97	0,64
30. v. Swaine in Stockheim	4,9	3,0	2,11	26	2,11	3,96	73,5	12,3	1,88	0,38
31. Antinlohe, Tegernsee	5,65	6,0	1,81	26	1,77	3,84	127	14,3	2,17	0,52
32. Old Pelton Main	5,5	7,5	1,89	29,5	1,85	3,99	164	15,6	2,15	0,39
33. Lesmahago Cannel	3,0	13,5	1,05	44	1,1	3,876	540	41,9	3,52	0,55
34. Boghead	2,04	14	0,69	60	0,67	3,346	824	87	4,99	0,66

Gruppenbezeichnungen (linker Rand): Westphalen — Saarbrücken — P. Zwickau — Niederschles. — Sachsen — Plauensch. Grund — Böhmen, Pilsener Becken — Bayern — Grossbritannien.

Schon der erste Blick auf diese Tabelle zeigt, dass die Resultate am Erdmann'schen Prüfer mit den photometrischen Messungen sehr schlecht übereinstimmen. Herr Prof. Erdmann nimmt bekanntlich an, dass das Quantum atmosphärischer Luft, welches dem Gase beigemischt werden muss, um dessen Leuchtkraft zu vernichten, der Leuchtkraft dieses Gases proportional ist, und misst an dem von ihm construirten Apparat die Gasflamme durch deren Höhe, die atmosphärische Luft durch einen Schlitz, welcher mehr oder weniger weit geöffnet, und dessen Oeffnung nach einer Gradeintheilung abgelesen wird. Es ist bereits von anderen Beobachtern nachgewiesen, dass dieses Verfahren ungenau ist, es bestätigt sich übrigens auch sofort aus den Versuchen. Die Flamme des Stockheimer Gases gebrauchte 2,11 c′ pro Stunde, um die Marke des Prüfers zu erreichen, während diejenige des Bogheadgases 0,67 c′ gebrauchte. Der Luftconsum ist nicht nur von der Schlitzöffnung (Gradöffnung), sondern auch von der Geschwindigkeit abhängig, mit welcher die Luft einströmt, und diese ist durchaus nicht constant. Ein Luftconsum von 3,8 bis 4,0 c′ pro Stunde entsprach z. B. bei den westphälischen Kohlen in meinen Versuchen einer Schlitz-Oeffnung von 28°, bei der Pilsener Plattenkohle, sowie bei der Lesmahago Cannel entsprach dem nahezu gleichen Luftconsum (3,85 und 3,87 c′) eine Schlitzöffnung von 41 und 44°; bei Bogheadgas zeigte bei einem noch geringeren Luftconsum von 3,35 c′ pro Stunde die Schlitzöffnung gar 60′.

Ich habe bei allen Versuchen den Gasconsum durch eine Gasuhr gemessen, und die Resultate auf den Consum von 1 c′ Gas pro Stunde reduzirt, so dass sie, auf eine gleiche Basis gebracht, sich auf diese Weise mit einander vergleichen lassen. Abstrahirt man von den Cannelkohlen, so bewegen sich die erhaltenen Zahlen innerhalb folgender Grenzen:

1) die photometrisch gemessene Leuchtkraft zwischen 73 und 264 Grains Spermaceti,
2) die Gradzahl am Erdmann'schen Prüfer zwischen 12,3 und 18,4 Grad,
3) die Luftmenge, welche zum Entleuchten erfordert wird, zwischen 1,88 und 2,46 c′.

Während also die photometrische Leuchtkraft zwischen 1 und 3½ schwankt, bewegt sich die Gradzahl am Erdmann'schen Prüfer nur zwischen 1 und 1¼, und die Luftmenge zwischen 1 und 1⅓. Bei der Richtigkeit des Erdmann'schen Prinzips, dass also die Luftmenge, welche das Gas zu seiner Entleuchtung braucht, einen Maassstab für dessen Leuchtkraft abgeben soll, muss die Luftmenge, die in den Versuchen für je 1 c′ Gas gefunden worden ist, parallel laufen mit der photometrischen Leuchtkraft, die sich für dasselbe Gasquantum ergeben hat. Ich habe in dem untenstehenden Diagramm versucht, die Sache graphisch darzustellen. Ich habe sowohl für die photometrische Leuchtkraft, als für die Luftmenge, und zugleich auch beiläufig für die Gradöffnung (alles auf 1 c′ Gasconsum pro Stunde bezogen) eine und dieselbe Scala genommen, und diese in 20 Theile eingetheilt. Ein Theilstrich der Scala entspricht demnach der photometrischen Leuchtkraft

von 9,55 Grains Spermaceti, 0,029 c′ Luftconsum, und 0,305 Grad am Erdmann'schen Prüfer. Die photometrische Leuchtkraft ist durch eine volle
Linie, die Luftmenge durch Striche und Punkte, die Gradzahl durch eine
punktirte Linie angegeben.

Nummern der Versuche.

30.29.27. 3. 21.24 9. 2. 22. 4. 32. 7. 1. 6. 23.10.13 5. 12. ;8 13.14.20. 17.19.11.16.18.

Man sieht, dass die Linien kaum in entferntester Weise eine Annäherung
zum Parallelismus zeigen. Sie steigen nur im Grossen und Ganzen mit einander aufwärts, im Uebrigen zeigen sie grosse Unregelmässigkeiten. Es
liesse sich einwenden, ob diese Unregelmässigkeiten nicht von Beobachtungsfehlern herrühren? Die Genauigkeit, die man bei photometrischen Messungen
erreicht, lässt sich zu $\frac{1}{2}$ Kerze auf 5 c′ Gasconsum, also zu $\frac{1}{10}$ Kerze
= 12 Grains Spermaceti pro 1 c′ annehmen, das würde für obige Scala
$1\frac{1}{4}$ Theilstrich oder reichlich $\frac{1}{2}$ Theilstrich auf- und abwärts sein. Beim
Einstellen des Erdmann'schen Gasprüfers glaube ich die Genauigkeit bei
einem Consum von etwa 2 c′ Gas zu $\frac{1}{2}$ Grad oder bei 1 c′ zu $\frac{1}{4}$ Grad
annehmen zu dürfen, das würde für die Scala $\frac{3}{4}$ Theilstriche betragen.
Diese Fehler sind nicht so gross, dass sie die vorhandenen Schwankungen
erklären können. Ich vermuthe vielmehr, dass die Ungenauigkeit im Prinzip
ihren Grund hat. Schon Herr Prof. *Erdmann* sagt selbst: „Der Sauerstoff
tritt zunächst und vorzugsweise an den freien in der Flamme schwebenden
und die Leuchtkraft derselben bedingenden Kohlenstoff“ — (Journ. f. Gasbel.
Jahrg. 1860 S. 344) und später ebendaselbst Seite 380: „Das Sumpfgas ver-
anlasst einen Fehler, indem ein Gas von 10% grösserem Gehalt an Sumpfgas

wie ein anderes, dadurch um 2° zu viel am Gasprüfer zeigt. Nur an schweren Kohlenwasserstoffen sehr reiche, bei niederer Temperatur dargestellte Gase werden einen 40% übersteigenden Gehalt an Sumpfgas enthalten können, und in diesem Falle etwas zu hochgrädig am Gasprüfer erscheinen. Die geringhaltigen, bei sehr hoher Temperatur erzeugten Gase dagegen, insoferne sie unter 40% Sumpfgas enthalten, würden etwas zu geringen Gehalt am Prüfer zeigen." Herr Prof. *Erdmann* nimmt nach den bekannten Analysen an, dass der Gehalt an Sumpfgas in der Regel zwischen 35 und 45% schwanke, also im Mittel 40% betrage; wir besitzen aber von den wenigsten Gasen, wenigstens von den aus deutschen Kohlen erzeugten, wirklich Analysen, und dürfte sehr die Frage sein, ob die in meinen Versuchen vorliegenden Gase der obigen Annahme entsprechen. Was weiter den Wasserstoffgehalt betrifft, so fallen namentlich bei schlechten Gasen die Versuche am Prüfer besser aus, als die photometrischen Messungen. 70 Vol. Leuchtgas von 36° mit 30 Wasserstoff zeigten nach *Erdmann* 26,5°, während sie hätten 25,2° zeigen sollen, 60 Leuchtgas von 36° mit 40 Wasserstoffgas zeigten 24° statt der berechneten 21,6°. Versuche mit ölbildendem Gase und Wasserstoff zeigten, dass diese Gemenge im Verhältniss zu viel Sauerstoff zur Verbrennung von Wasserstoff verbrauchten. Herr Commissionsrath *Blochmann* weist in einer Mittheilung „über Photometrie und die Beziehungen der einzelnen Bestandtheile des Leuchtgases zur Lichtentwickelung", Journ. f. Gasbel. Jahrg 1863 S. 213 nach, dass nicht allein die Zusammensetzung der nicht leuchtenden Gase von grossem Einfluss auf die Lichtentwickelung ist, sondern dass auch die schweren Kohlenwasserstoffe durch ihren Kohlenstoffgehalt keinen Maassstab für die Leuchtkraft abgeben. Dieselbe Menge Kohlenstoff hat nach ihm im Benzol die dreifache Lichtentwickelung, wie im Aethylen oder ölbildenden Gase, und nahezu die anderthalbfache des Amylens. Ich habe als Laie über diese Verhältnisse kein Urtheil, aber ich führe sie an zur Unterstützung meiner schon oben ausgesprochenen Vermuthung überhaupt, dass die scheinbaren Unregelmässigkeiten, die meine Versuche zeigen, nicht so sehr in Beobachtungsfehlern, als in der Natur, in der chemischen Zusammensetzung der Gase begründet sind, und dass wir ohne quantitative Gasanalyse, und zwar solcher Analyse, die uns nicht nur den Kohlenstoffgehalt der höheren Kohlenwasserstoffe summarisch, sondern den Procentgehalt aller dazu gehörigen Bestandtheile gesondert angibt, bei der Anwendung des Erdmann'schen Gasprüfers die allergrösste Vorsicht zu gebrauchen haben. Möge uns die Chemie, vielleicht mit Hülfe der Spectral-Analyse bald weitere Aufklärung in dieser Richtung bringen!

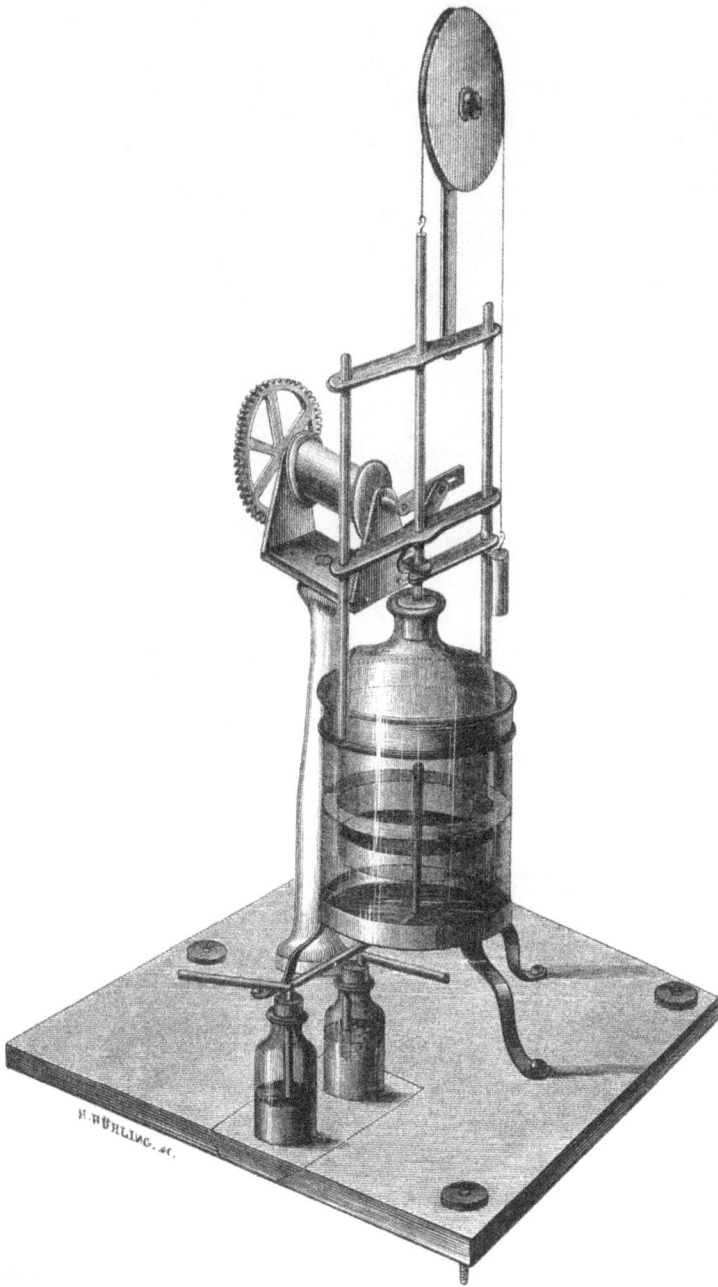

H. RÜHLING. sc.

www.ingramcontent.com/pod-product-compliance
Lightning Source LLC
Chambersburg PA
CBHW081245190326
41458CB00016B/5928